Pratiques mathématiques

AUTOUR DES DÉRIVÉES

Thèmes, exercices et problèmes

L2, L3, MASTER, CAPES

Roland GROUX
Professeur de Chaire Supérieure

CÉPADUÈS-ÉDITIONS
111, rue Nicolas-Vauquelin
31100 TOULOUSE – France
Tél. : 05 61 40 57 36 – Fax : 05 61 41 79 89
(de l'étranger) + 33 5 61 40 57 36 – Fax : + 33 5 61 41 79 89
www.cepadues.com
Courriel : cepadues@cepadues.com

Chez le même éditeur

Analyse variationnelle et Optimisation .... *Azé D. & Hiriart-Urruty J.-B.*

Dualité, Formes quadratiques, Formes hermitiennes exercices corrigés .... *Boucetta M., Morvan R.*

Cours d'Analyse fonctionnelle et complexe 2e édition .... *Caumel Yves*

Topologie des espaces vectoriels normés .... *Colin J-J., Morvan J-M. et R.*

Intégration - Calcul des primitives exercices corrigés .... *Colin J-J., Morvan J-M. et R.*

Analyse : la convergence vue par les problèmes .... *Groux R. & Soulat Ph.*

Algèbre Les structures et les morphismes vus par les problèmes .... *Groux R. & Soulat Ph.*

Pratiques Mathématiques : Polynômes orthogonaux et transformations intégrales .... *Groux R.*

Pratiques Mathématiques : principes généraux et méthodes fondamentales .... *Groux R.*

Pratiques Mathématiques : Les Fonctions Spéciales vues par les problèmes .... *Groux R.*

Problèmes de Mathématiques tome 3 Algèbre linéaire .... *Monna G., Morvan R.*

La Démarche Statistique .... *Prum B.*

Limites, applications continues : Introduction à la topologie .... *Sondaz D. - Morvan R.*

Introduction à la Topologie Espaces normés, métriques, topologiques .... *Sondaz D. - Morvan R.*

Calcul différentiel – cours et exercices corrigés 2e édition .... *Todjihounde L.*

ISBN : 978.2.85428.933.6

Dépôt légal : avril 2010

N° éditeur : 933

AVANT PROPOS.

L'idée de ce livre est venue après un constat un peu amer : il m'a fallu presque atteindre l'âge de la retraite pour découvrir grâce à Internet la formule de Faà di Bruno sur les dérivations successives d'une composée.

Je soupçonnais bien sûr vaguement l'existence d'une telle identité, assez technique, et un de mes amis professeur d'Université, rencontré sur un bateau voguant vers la Corse, m'en avait parlé récemment, comme on révèle un secret connu de quelques initiés.

Grâce à la toile, pareille déconvenue sera évitée aux nouvelles générations d'enseignants et d'étudiants. Cependant la connaissance en ligne a encore des défauts de jeunesse, car rares sont les sites où l'information rapide est étayée par une preuve rigoureuse et replacée dans un contexte plus général, comme il se doit dans toute analyse mathématique.

D'où le projet de cet ouvrage, compilant quelques résultats non classiques sur la dérivation, exposés de la manière la plus directe, conformément à l'esprit de la collection 'pratiques mathématiques', dans des présentations alternant études, exercices et problèmes, agrémentées de simulations MAPLE et de quelques clins d'œil à la Physique. Ce voyage autour des dérivées est prétexte à revoir bon nombre de notions d'Analyse, ce qui fait aussi de ce livre un bon terrain d'entraînement pour examens et concours divers.

La présentation non linéaire permet d'aller directement à un point particulier et on trouvera en fin du manuel quelques rappels théoriques indispensables pour certains passages.

Je vous souhaite donc d'agréables dérivations.

SOMMAIRE

Chapitre 5. Equations et inégalités.

Chapitre 6. Compléments.

Chapitre 1

FORMULES DE COMPOSITION.

1.1 La formule de Faà di Bruno.

On se propose ici de présenter la formule de Faà di Bruno explicitant les dérivées successives d'une composée de fonctions et d'en étudier quelques applications.

On considère donc un schéma classique du type $g = f \circ \varphi$ avec f et φ de classe C^m sur des intervalles respectifs J et I de $\mathbb{R}$, f pouvant être à valeurs réelles ou complexes.

1.1.1 Première approche.

Les règles usuelles de dérivation des composées, produits et sommes de fonctions nous donnent facilement les résultats suivants, si $m \geq 4$:

$g' = \varphi' \times f' \circ \varphi$; $g'' = \varphi'' \times f' \circ \varphi + (\varphi')^2 \times f'' \circ \varphi$;

$g^{(3)} = \varphi^{(3)} \times f' \circ \varphi + 3\varphi''.\varphi' \times f'' \circ \varphi + (\varphi')^3 \times f^{(3)} \circ \varphi$;

$g^{(4)} = \varphi^{(4)} \times f' \circ \varphi + [4\varphi'.\varphi^{(3)} + 3(\varphi'')^2] \times f'' \circ \varphi + 6(\varphi')^2.\varphi'' \times f^{(3)} \circ \varphi + (\varphi')^4 \times f^{(4)} \circ \varphi$

Ces premiers calculs nous suggèrent pour $n \leq m$ une expression du type :

$$\boxed{g^{(n)} = \sum_{k=0}^{k=n} B_{(n,k)}(\varphi', \varphi'', ..., \varphi^{(n-k+1)}) \times f^{(k)} \circ \varphi}$$

$B_{(n,k)}$ désignant un polynôme à $n-k+1$ variables totalement indépendant des fonctions intervenantes f et φ. Ainsi jusqu'à l'ordre 4 étudié on a :

$B_{(0,0)} = 1$; $B_{(1,0)} = 0$; $B_{(1,1)}(x_1) = x_1$; $B_{(2,0)} = 0$; $B_{(2,1)}(x_1, x_2) = x_2$;

$B_{(2,2)}(x_1) = (x_1)^2$; $B_{(3,0)} = 0$; $B_{(3,1)}(x_1, x_2, x_3) = x_3$; $B_{(3,2)}(x_1, x_2) = 3x_1x_2$;

$B_{(3,3)}(x_1) = (x_1)^3$; $B_{(4,0)} = 0$; $B_{(4,1)}(x_1, x_2, x_3, x_4) = x_4$;

$B_{(4,2)}(x_1, x_2, x_3) = 4x_1x_3 + 3(x_2)^2$; $B_{(4,3)}(x_1, x_2) = 6(x_1)^2 x_2$; $B_{(4,4)}(x_1) = (x_1)^4$.

Nous pouvons montrer qu'une écriture de ce type se perpétue de proche en proche. En effet si on la suppose vraie jusqu'au rang n quelles que soient les fonctions qui interviennent, il nous suffit d'écrire $g^{(n+1)} = (\varphi' \times f' \circ \varphi)^{(n)}$ et d'expliciter cette dérivée par la formule de Leibniz, en supposant bien sûr ici que $m \geq n+1$. On obtient ainsi :

$g^{(n+1)} = \sum_{k=0}^{k=n} C_n^k (f' \circ \varphi)^{(k)} \times \varphi^{(n-k+1)}$, avec pour chaque indice k et vu notre hypothèse de récurrence : $(f' \circ \varphi)^{(k)} = \sum_{j=0}^{j=k} B_{(k,j)}(\varphi', \varphi'', ..., \varphi^{(k-j+1)}) \times f^{(j+1)} \circ \varphi$, ce qui nous donne : $g^{(n+1)} = \sum_{k=0}^{k=n} C_n^k \sum_{j=0}^{j=k} B_{(k,j)}(\varphi', ..., \varphi^{(k-j+1)}) \times \varphi^{(n-k+1)} \times f^{(j+1)} \circ \varphi$.

En regroupant suivant les ordres de dérivation de f, il vient :

$g^{(n+1)} = \sum_{j=0}^{j=n} (\sum_{k=j}^{k=n} C_n^k B_{(k,j)}(\varphi', ..., \varphi^{(k-j+1)}) \times \varphi^{(n-k+1)}) \times f^{(j+1)} \circ \varphi$. Il suffit alors de définir $\boxed{B_{(n+1,\, j+1)}(x_1, ... x_{n-j+1}) = \sum_{k=j}^{k=n} C_n^k B_{(k,j)}(x_1, ..., x_{k-j+1}) \times x_{n-k+1}}$ (F), et de poser $B_{(n+1,0)} = 0$ pour obtenir une écriture du type recherché à l'ordre $n+1$, c'est-à-dire : $(f \circ \varphi)^{(n+1)} = \sum_{j=0}^{k=n+1} B_{(n+1,\, j)}(\varphi', \varphi'', ..., \varphi^{(n+1-j+1)}) \times f^{(j)} \circ \varphi$.

1.1.2 Les polynômes de Bell.

Les polynômes intervenant dans cette étude sont appelés polynômes partiels de Bell. Il est facile de les évaluer de proche en proche grâce à la formule (F) avec un logiciel de calcul formel. Le programme suivant en MAPLE 8 les explicite facilement comme on peut le voir ci-dessous.

```
>B[0,0]:=1;
>for n from 0 to 6 do for j from 0 to n+1 do if j=0
then B[n+1,j]:=0 else
B[n+1,j]:=simplify(sum(binomial(n,k)*B[k,j-1]*x[n-
k+1],k=j-1..n));fi;print(b[n+1,j]=B[n+1,j]);od;od;
```

$$b_{1,0} = 0 \quad b_{1,1} = x_1 \quad b_{2,1} = x_2 \quad b_{2,2} = x_1^2$$

$$b_{3,0} = 0 \quad b_{3,1} = x_3 \quad b_{3,2} = 3\, x_2\, x_1 \quad b_{3,3} = x_1^3$$

$$b_{4,0} = 0 \quad b_{4,1} = x_4 \quad b_{4,2} = 4\, x_3\, x_1 + 3\, x_2^2 \quad b_{4,3} = 6\, x_2\, x_1^2$$

$$b_{4,4} = x_1^4 \quad b_{5,0} = 0 \quad b_{5,1} = x_5 \quad b_{5,2} = 5\, x_4\, x_1 + 10\, x_2\, x_3$$

$$b_{5,3} = 10\, x_3\, x_1^2 + 15\, x_2^2\, x_1 \quad b_{5,4} = 10\, x_2\, x_1^3 \quad b_{5,5} = x_1^5$$

$$b_{6,0} = 0 \quad b_{6,1} = x_6$$

$$b_{6,2} = 6\, x_5\, x_1 + 15\, x_2\, x_4 + 10\, x_3^2$$

$$b_{6,3} = 15\, x_4\, x_1^2 + 60\, x_3\, x_2\, x_1 + 15\, x_2^3$$

$$b_{6,4} = 20\, x_3\, x_1^3 + 45\, x_2^2\, x_1^2$$

$$b_{6,5} = 15\, x_2\, x_1^4 \quad b_{6,6} = x_1^6 \quad b_{7,0} = 0 \quad b_{7,1} = x_7$$

$$b_{7,2} = 7\, x_6\, x_1 + 21\, x_2\, x_5 + 35\, x_3\, x_4$$

$$b_{7,3} = 21\, x_5\, x_1^2 + 105\, x_4\, x_2\, x_1 + 70\, x_3^2\, x_1 + 105\, x_3\, x_2^2$$

$$b_{7,4} = 35\, x_4\, x_1^3 + 210\, x_3\, x_2\, x_1^2 + 105\, x_2^3\, x_1$$

$$b_{7,5} = 35\, x_3\, x_1^4 + 105\, x_2^2\, x_1^3$$

$$b_{7,6} = 21\, x_2\, x_1^5$$

$$b_{7,7} = x_1^7$$

1.1.3 Vers une explicitation des polynômes partiels.

Un examen attentif des résultats ci-dessus montre que le polynôme $B(n,k)$ semble être somme de termes du type $c(n,k,j_1,...,j_{n-k+1})(x_1)^{j_1}....(x_{n-k+1})^{j_{n-k+1}}$, les exposants entiers $j_1,....j_{n-k+1}$ satisfaisant aux deux contraintes de sommes :

$$\begin{cases} j_1 + j_2 + ...+ j_{n-k+1} = k \\ 1.j_1 + 2.j_2 + ...+(n-k+1).j_{n-k+1} = n \end{cases} \qquad (C_{n,k})$$

Ici encore la formule (F) permet de justifier facilement de proche en proche la stabilité de ces deux contraintes. La vérification évidente est laissée au lecteur.
Il nous reste à éclaircir la valeur des coefficients $c(n,k,j_1,...,j_{n-k+1})$. L'analyse combinatoire va se révéler un outil précieux. Remarquons pour cela que les relations du système ($C_{n,k}$) interviennent naturellement lorsqu'on partitionne un ensemble de n éléments. En effet si on note j_i le nombre de blocs à i éléments dans une telle partition, on obtient immédiatement les égalités : $\begin{cases} j_1 + j_2 + ...+ j_n = k & \text{nombre total de blocs} \\ 1.j_1 + 2.j_2 + ...+ n.j_n = n & \text{cardinal de l'ensemble partitionné} \end{cases}$.

Remarquons qu'ici les entiers j_i peuvent être nuls. Par contre le plus grand indice i tel que j_i non nul est au plus égal à $n-k+1$ avec un j_{n-k+1} égal à 0 ou 1. En effet la réunion de $k-1$ blocs distincts d'un bloc de plus grande taille est au moins de cardinal $k-1$. Il reste donc au plus $n-k+1$ éléments à partitionner. Pour illustrer ceci considérons par exemple les différentes façons de partitionner un ensemble de 7 éléments en 3 blocs. (Nous ne tiendrons pas compte de l'ordre de ces blocs). Les répartitions possibles sont :

_ Un bloc de 1, un de 2 et un de 4.
_ Un bloc de 1 et deux de 3.
_ Deux blocs de 1 et un de 5. (Ici un seul bloc de taille 7-3+1)
_ Deux blocs de 2 et un de 3.

Comptons maintenant les différentes partitions possibles dans chaque cas..
_ Dans la première configuration il y en a $7\times C_6^2 = 105$

_ Dans la deuxième : $7\times\frac{C_6^3}{2!}=70$

_ Dans la troisième : $\frac{7\times 6}{2}=21$

_ Enfin dans la dernière : $\frac{C_7^2\times C_5^2}{2}=105$

L'examen du polynôme $B(7,3)$ est édifiant, on a en effet obtenu plus haut :

$B(7,3)=105x_1x_2x_4+70x_1(x_3)^2+21(x_1)^2x_5+105(x_2)^2x_3$.

Il semble donc que le coefficient $c(n,k,j_1,...,j_{n-k+1})$ du terme en $(x_1)^{j_1}....(x_n)^{j_{n-k+1}}$ dans le polynôme $B(n,k)$ correspond exactement au nombre $p(n,k,j_1,...,j_{n-k+1})$ de partitions d'un ensemble de cardinal *n* en j_1 blocs de 1 éléments, j_2 blocs de 2 éléments, …, j_{n-k+1} blocs de $n-k+1$ éléments avec $j_1+...+j_{n-k+1}=k$. Pour justifier cela, analysons le calcul séquentiel de ces nombres de partitions. Privilégions dans un ensemble *E* de cardinal $n+1$ un de ses éléments ω. On passe naturellement d'une partition de $E-\{\omega\}$ du type $(j_1,...,j_{n-k+1})$ à une partition de *E* de deux façons.

_ Soit on rajoute le bloc $\{\omega\}$, ce qui a pour effet de changer j_1 en j_1+1 et d'ajouter un bloc.

_ Soit on rajoute ω à un des blocs de cardinal $i\in\{1,...,n-k+1\}$, sous réserve qu'il en existe au moins 1, c'est-à-dire que $j_i\neq 0$ ce qui aura pour effet de changer j_i en j_i-1 et j_{i+1} en $j_{i+1}+1$. Un bloc de taille *i* est perdu mais devient un bloc de taille *i*+1. (Pour $i=n-k+1$ on écrira par convention et vu la remarque sur la taille maximale des blocs : $j_{n-k+2}=0$).

Réciproquement, enlever ω à un bloc de taille *i*+1 d'une partition de *E* de type $(j_1,...,j_{n-k+2})$ fait perdre un bloc de taille $i+1$ et en gagner un de taille *i*.

Ceci nous donne donc les relations suivantes :

a) Si $j_{n-k+1}=0$.

$$p(n+1,k+1,j_1,...,j_{n-k+1})=p(n,k,j_1-1,j_2,..,j_{n-k+1})+\sum_{i=1}^{i=n-k}(j_i+1)p(n,k+1,j_1,..j_i+1,j_{i+1}-1,...j_{n-k})$$

Ceci avec la convention que si un des indices intervenant dans la liste d'une image par *p* est négatif, la valeur de *p* correspondante sera nulle. (S'il n'y a pas de bloc de taille j_i, on ne peut soustraire ω d'un de ces blocs pour en créer un de taille $j_i - 1$).

b) Si $j_{n-k+1} = 1$.

$$p(n+1,k+1,j_1,...,j_{n-k+1}) = p(n,k,j_1-1,j_2,..,j_{n-k+1}) + (j_{n-k}+1)p(n,k+1,j_1,.....,j_{n-k-1},j_{n-k}+1)$$

En analysant le passage de $g^{(n)}$ à $g^{(n+1)}$ nous allons obtenir une formule analogue vérifiée par les coefficients $c(n,k,j_1,...,j_{n-k+1})$.

Notons pour cela $E_{(n,k)}$ l'ensemble des suites finies d'entiers $j = j_1,....,j_{n-k+1}$ satisfaisant au système de deux contraintes ($C_{n,k}$) et notons en abrégé $c(n,k,j_1,...,j_{n-k+1}) = c(n,k,j)$. On obtient alors la formulation suivante : $B_{(n,k)}(x_1,...,x_{n-k+1}) = \sum_{j\in E_{(n,k)}} c(n,k,j)(x_1)^{j_1}....(x_{n-k+1})^{j_{n-k+1}}$, et par suite :

$$g^{(n)} = \sum_{k=0}^{k=n}\left(\sum_{j\in E_{(n,k)}} c(n,k,j)(\varphi')^{j_1}.....(\varphi^{(n-k+1)})^{j_{n-k+1}}\right)\times f^{(k)}\circ\varphi$$

La dérivation de $(\varphi')^{j_1}.....(\varphi^{(n-k+1)})^{j_{n-k+1}} \times f^{(k)}\circ\varphi$ est égale à la somme de $(\varphi')^{j_1}.....(\varphi^{(n-k+1)})^{j_{n-k+1}} \times \varphi'.f^{(k+1)}\circ\varphi$ avec les $n-k+1$ termes du type $j_i(\varphi^{(i)})^{j_i-1}.(\varphi^{(i+1)})\times\prod_{q\neq i}(\varphi^{(q)})^{j_q}\times f^{(k)}\circ\varphi$, obtenus en faisant varier l'indice i entre 1 et $n-k+1$.

_ Le premier terme correspond à ajouter 1 à l'exposant de φ'.

_ Dans celui d'indice i des autres termes, sous réserve que j_i non nul, l'exposant de $\varphi^{(i)}$ est diminué de 1, celui de $\varphi^{(i+1)}$ est augmenté de 1, et le facteur multiplicatif j_i apparaît. On a donc bien des formules analogues aux précédentes pour les coefficients des polynômes de Bell partiels, soit :

a) Si $j_{n-k+1} = 0$.

$$c(n+1,k+1,j_1,...,j_{n-k+1}) = c(n,k,j_1-1,j_2,..,j_{n-k+1}) + \sum_{i=1}^{i=n-k}(j_i+1)c(n,k+1,j_1,..j_i+1,j_{i+1}-1,...j_{n-k})$$

(Toujours avec notre convention d'annulation des termes si un indice négatif apparaît dans les configurations).

b) Si $j_{n-k+1} = 1$.

$$p(n+1,k+1,j_1,...,j_{n-k+1}) = p(n,k,j_1-1,j_2,..,j_{n-k+1}) + (j_{n-k}+1)p(n,k+1,j_1,.....,j_{n-k-1},j_{n-k}+1)$$

De proche en proche, et vu la coïncidence constatée des coefficients $c(n,k,j_1,...,j_{n-k+1})$ et $p(n,k,j_1,...,j_{n-k+1})$ pour les premières valeurs de n, on en déduit la coïncidence quel que soit l'ordre n.

1.1.4 La formule de Faà di Bruno.

L'explicitation des coefficients $c(n,k,j_1,...,j_{n-k+1})$ est relativement classique et est résumée par la formule : $\boxed{c(n,k,j_1,...,j_{n-k+1}) = \dfrac{n!}{\prod_{i=1}^{i=n-k+1} (i!)^{j_i}(j_i)!}}$.

On commence par remarquer que pour choisir j_i blocs de taille i au sein d'un ensemble de cardinal p , le nombre total de façons est : $\dfrac{p!}{(i)!(p-i)!} \times \dfrac{(p-i)!}{(i)!(p-2i)!} \times .... \times \dfrac{(p-(j_i-1)i)!}{(i)!(p-j_i.i)!}$. Si on ne tient pas compte de l'ordre de ces blocs il y a donc un nombre de configurations donné par $N(p,i,j_i) = \dfrac{p!}{(i!)^{j_i}(j_i)!(p-j_i.i)!}$. Il suffit alors d'écrire que

$$c(n,k,j_1,...,j_{n-k+1}) = N(n,1,j_1) \times N(n-j_1,2,j_2) \times .... \times ....N((n-k+1)j_{n-k+1},n-k+1,j_{n-k+1})$$

On pouvait aussi procéder par récurrence sur le nombre de blocs. Après simplifications évidentes il vient naturellement l'égalité annoncée. On en déduit donc enfin la formule de dérivation de Faà di Bruno :

$$\boxed{(f \circ \varphi)^{(n)} = \sum_{j_1+2j_2+...+nj_n=n} \frac{n!}{(j_1)!....(j_n)!} \times \prod_{i=1}^{i=n} \left(\frac{\varphi^{(i)}}{i!} \right)^{j_i} \times f^{(j_1+...+j_n)} \circ \varphi}$$

Appliquée par exemple à $f : x \mapsto \dfrac{1}{x}$, dont la dérivée d'ordre k est $f^{(k)}(x) = \dfrac{(-1)^k k!}{x^{k+1}}$, on obtient l'expression de la dérivée d'ordre n de $\dfrac{1}{\varphi}$ suivante :

$$(\frac{1}{\varphi})^{(n)}=\sum_{j_1+2j_2+...+nj_n=n}\frac{n!}{(j_1)!....(j_n)!}\times\prod_{i=1}^{i=n}\left(\frac{\varphi^{(i)}}{i!}\right)^{j_i}\times\frac{(-1)^{j_1+...+j_n}(j_1+..+j_n)!}{\varphi^{j_1+....+j_n+1}}.$$

En introduisant $j_0=n-(j_1+...+j_n)$, on obtient la forme plus condensée :

$$\boxed{(\frac{1}{\varphi})^{(n)}=\frac{(-1)^n n!}{\varphi^{n+1}}\sum_{\substack{j_1+2j_2+...+nj_n=n\\ j_0+j_1+.....+j_n=n}}\frac{(-1)^{j_0}(n-j_0)!}{(j_1)!....(j_n)!}\times\prod_{i=0}^{i=n}\left(\frac{\varphi^{(i)}}{i!}\right)^{j_i}}$$

1.2 D'autres polynômes de Bell.

1.2.1 Les polynômes de Bell complets.

La formule obtenue est encore valable dans le cadre des séries dites formelles car on n'a utilisé que les résultats classiques sur les sommes, produits et composées, fonctionnant à l'identique pour la dérivation formelle terme à terme d'une série. Considérons donc deux telles séries : $f(x)=\sum_{n=0}^{n=\infty}\frac{b_n}{n!}x^n$ et $\varphi(x)=\sum_{n=1}^{n=\infty}\frac{a_n}{n!}x^n$. (a_0 est choisi nul pour avoir $\varphi(0)=0$)

La composée $g=f\circ\varphi$ se développe formellement en $g(x)=\sum_{n=0}^{n=\infty}\frac{c_n}{n!}x^n$ avec pour tout entier n l'expression $c_n=g^{(n)}(0)$. On a donc d'après Faà di Bruno :

$$g^{(n)}(0)=\sum_{k=0}^{k=n}B_{(n,k)}(\varphi'(0),....,\varphi^{(n-k+1)}(0))f^{(k)}(0).$$

Or pour tout couple d'entiers (j,k) : $\varphi^{(j)}(0)=a_j$ et $f^{(k)}(0)=b_k$.

Ceci nous donne : $\boxed{c_n=\sum_{k=0}^{k=n}B_{(n,k)}(a_1,...,a_{n-k+1})b_k}$

En particulier, si f est la série exponentielle $f(x)=e^x=\sum_{n=0}^{n=\infty}\frac{1}{n!}x^n$, tous les b_k sont égaux à 1 et on obtient ainsi l'expression de l'exponentielle de la série formelle $\varphi(x)=\sum_{n=1}^{n=\infty}\frac{a_n}{n!}x^n$ comme : $\boxed{e^{\varphi(x)}=\sum_{n=0}^{n=\infty}\frac{B_n(a_1,....,a_n)}{n!}x^n}$, avec $B_n(a_1,...,a_n)=\sum_{k=0}^{k=n}B_{(n,k)}(a_1,...,a_{n-k+1})$.

Le polynôme B_n à n variables défini ainsi comme somme de n+1 polynômes partiels est appelé le polynôme de Bell complet d'ordre n.

Ainsi on a par exemple : $B_4(a_1,a_2,a_3,a_4)=a_4+4a_1a_3+3a_2^{\ 2}+6a_1^{\ 2}a_2+a_1^{\ 4}$.

Rappelons que $B_{(0,0)}=1$ et que pour $n\geq 1$ $B_{(n,0)}=0$.

Or aura donc $B_0=1$ et pour $n\geq 1$ $B_n(a_1,...,a_n)=\sum_{k=1}^{k=n}B_{(n,k)}(a_1,...,a_{n-k+1})$.

Les entiers $b_n=B_n(1,....,1)$ ont une interprétation combinatoire évidente d'après notre analyse précédente des coefficients $c(n,k,j_1,...,j_{n-k+1})$. En effet la somme de ces coefficients pour n et k fixés correspond au nombre de partitions possibles d'un ensemble de cardinal n en k blocs. Si on fait varier k entre 1 et n on obtient donc le nombre total de façons de partitionner un ensemble de cardinal n. Il suffit de légèrement modifier notre programme générant les polynômes partiels pour voir apparaître cette séquence d'entiers, appelés nombre de Bell.

```
> B[0,0]:=1;

> for n from 0 to 9 do for j from 0 to n+1 do if j=0
then B[n+1,j]:=0 else
B[n+1,j]:=simplify(sum(binomial(n,k)*B[k,j-1],k=j-
1..n));fi;od;b[n+1]:=sum(B[n+1,m],m=1..n+1);od;
```

$$B_{0,0}:=1$$

$$b_1:=1\ \ b_2:=2\ \ b_3:=5\ \ b_4:=15\ \ b_5:=52\ \ b_6:=203\ \ b_7:=877\ \ b_8:=4140$$

$$b_9:=21147\ \ b_{10}:=115975$$

Considérons maintenant $\varphi(x) = e^x - 1 = \sum_{n=1}^{n=\infty} \frac{1}{n!} x^n$. D'après le développement d'une exponentielle de série vu ci-dessus on aura donc : $e^{e^x - 1} = \sum_{n=0}^{n=\infty} \frac{b_n}{n!} x^n$.

MAPLE nous donne en effet : > `series (exp(exp(x)-1),x=0,11);`

$$1 + x + x^2 + \frac{5}{6}x^3 + \frac{5}{8}x^4 + \frac{13}{30}x^5 + \frac{203}{720}x^6 + \frac{877}{5040}x^7 + \frac{23}{224}x^8 + \frac{1007}{17280}x^9 + \frac{4639}{145152}x^{10} + O(x^{11})$$

On peut obtenir une génération simple de ces nombres en remarquant que cette fonction e^{φ} satisfait à l'équation différentielle $y' = e^x y$. On aura donc formellement l'égalité :

$$\sum_{n=0}^{n=\infty} \frac{b_{n+1}}{n!} x^n = \left(\sum_{k=0}^{k=\infty} \frac{b_k}{k!} x^k \right) \times \left(\sum_{j=0}^{j=\infty} \frac{1}{j!} x^j \right) \text{ dont on tire : } \frac{b_{n+1}}{n!} = \sum_{j+k=n} \frac{b_k}{k!\,j!} .$$

Ceci peut encore s'écrire en introduisant les coefficients du binôme sous la forme : $\boxed{b_{n+1} = \sum_{k=0}^{k=n} C_n^k b_k}$. On initialise avec $b_0 = 1$.

```
>b[0]:=1; for n from 0 to   10 do
b[n+1]:=sum(binomial(n,k)*b[k],k=0..n);od;
```

$b_0 := 1$ $b_1 := 1$ $b_2 := 2$ $b_3 := 5$ $b_4 := 15$ $b_5 := 52$ $b_6 := 203$ $b_7 := 877$
$b_8 := 4140$ $b_9 := 21147$ $b_{10} := 115975$ $b_{11} := 678570$

1.2.2 Suites de type binomial.

Une suite $n \mapsto p_n$ de polynômes est dite de type binomial si elle satisfait à la relation suivante : $\boxed{p_n(x+y) = \sum_{k=0}^{k=n} C_n^k p_k(x) p_{n-k}(y)}$, ceci quels que soient *n*, *x*, *y*. Par exemple la suite $n \mapsto x^n$ est évidemment binomiale.

Les polynômes partiels de Bell permettent de construire de tels objets. Considérons une série formelle quelconque : $\varphi(x)=\sum_{n=1}^{n=\infty}\frac{a_n}{n!}x^n$ et formons

$$\boxed{p_n(x)=\sum_{k=0}^{k=n}B_{(n,k)}(a_1,...,a_{n-k+1})x^k}$$

Notons pour un réel X fixé : $f_X(x)=\sum_{n=0}^{n=\infty}\frac{X^n}{n!}.x^n=e^{X.x}$. D'après l'étude précédente, la composition de ces deux séries formelles s'exprime par :

$f_X(\varphi(x))=\sum_{n=0}^{n=\infty}\frac{\left(\sum_{k=0}^{k=n}B_{(n,k)}(a_1,...a_{n-k+1})X^k\right)}{n!}x^n$, ce qui peut encore s'écrire:

$e^{X.x}=\sum_{n=0}^{n=\infty}\frac{p_n(X)}{n!}x^n$. Ecrivons alors l'égalité : $e^{(X+Y)x}=e^{X.x}.e^{Y.x}$.

En développant le produit des deux séries formelles intervenant on en déduit que pour tout entier n, on a : $\frac{p_n(X+Y)}{n!}=\sum_{j+k=n}\frac{p_k(X)}{k!}.\frac{p_j(Y)}{j!}$, soit :

$$p_n(X+Y)=\sum_{k=0}^{k=n}C_n^k p_k(X)p_{n-k}(Y).$$

Un théorème important assure que les seules suites de type binomial sont celles construites par ce procédé, à partir donc des polynômes partiels de Bell.

1.2.3 Polynômes de Bell exponentiels.

Appliquons la formule de l'exponentielle d'une série entière pour $\varphi(x)=X(e^x-1)$, avec X réel fixé. On obtient : $e^{X(e^x-1)}=\sum_{n=0}^{n=\infty}\frac{B_n(X,....X)}{n!}x^n$.

On définit alors $\phi_n(X)=B_n(X,....,X)$ polynôme exponentiel de Bell d'ordre n. (On les appelle aussi polynômes de Touchard). On remarquera d'abord qu'ils sont de type binomial. En effet, le polynôme partiel $B_{(n,k)}$ étant somme de multiples du type $x_1^{j_1}...x_{n-k+1}^{j_{n-k+1}}$ avec $j_1+....+j_{n-k+1}=k$, on a $B_{(n,k)}(X)=B_{(n,k)}(1,...,1)X^k$.

Ceci nous donne l'expression $\phi_n(X) = \sum_{k=0}^{k=n} B_{(n,k)}(1,..,1)X^k$ ce qui assure le caractère binomial d'après une étude précédente. Remarquons également que $\phi_n(1) = B_n(1,....,1) = b_n$, nombre de Bell d'ordre *n*.

De la fonction génératrice $\boxed{e^{x(e^t-1)} = \sum_{n=0}^{n=\infty} \frac{\phi_n(x)}{n!} t^n}$ on déduit facilement par dérivations des relations intéressantes :

_ En dérivant par rapport à *t*, et en exploitant la relation différentielle $y' = xe^t y$, on obtient :

$\sum_{n=0}^{n=\infty} \frac{\phi_{n+1}(x)}{n!} t^n = x\left(\sum_{j=0}^{j=\infty} \frac{t^j}{j!}\right) \times \left(\sum_{k=0}^{k=\infty} \frac{\phi_k(x)}{k!} t^k\right)$. On en déduit $\frac{\phi_{n+1}(x)}{n!} = x \sum_{j+k=n} \frac{\phi_k(x)}{j!k!}$,

ce qui peut aussi s'écrire : $\boxed{\phi_{n+1}(x) = x \sum_{k=0}^{k=n} C_n^k \phi_k(x)}$.

Remarquons que pour $x = 1$ on retrouve la génération classique des nombres de Bell. A partir de $\phi_0(x) = 1$ on construit donc facilement ces polynômes de proche en proche. Voici les 7 premiers : `> E[0]:=1;` $E_0 := 1$

```
> for k from 0 to 6 do
E[k+1]:=simplify(x*sum(binomial(k,j)*E[j],j=0..k));
od;
```

$$E_1 := x$$

$$E_2 := x\,(1 + x)$$

$$E_3 := x\,(1 + 3\,x + x^2)$$

$$E_4 := x\,(1 + 7\,x + 6\,x^2 + x^3)$$

$$E_5 := x\,(1 + 15\,x + 25\,x^2 + 10\,x^3 + x^4)$$

$$E_6 := x\,(1 + 31\,x + 90\,x^2 + 65\,x^3 + 15\,x^4 + x^5)$$

$$E_7 := x\,(1 + 63\,x + 301\,x^2 + 350\,x^3 + 140\,x^4 + 21\,x^5 + x^6)$$

_ En dérivant par rapport à x et en exploitant la relation $y' = (e^t - 1)y$, il vient :

$\sum_{n=0}^{n=\infty} \frac{\phi_n'(x)}{(n)!} t^n = \left(\sum_{j=1}^{j=\infty} \frac{t^j}{j!} \right) \times \left(\sum_{k=0}^{k=\infty} \frac{\phi_k(x)}{(k)!} t^k \right)$, soit $\frac{\phi_n'(x)}{n!} = \sum_{k=0}^{k=n-1} \frac{\phi_k(x)}{k!(n-k)!}$, ceci nous donne alors $\phi_n'(x) = \sum_{k=0}^{k=n-1} C_n^k \phi_k(x)$, soit d'après la relation vue ci-dessus :

$\phi_n'(x) = \frac{\phi_{n+1}(x)}{x} - C_n^n \phi_n(x)$, qui se simplifie en : $\boxed{\phi_{n+1}(x) = x[\phi_n'(x) + \phi_n(x)]}$.

Attention, ici la dérivation par rapport à x n'est plus de type série formelle et doit donc être justifiée rigoureusement. Nous laisserons de côté ce point théorique important car nous verrons plus loin une preuve élémentaire de cette égalité.

_ La formule de Dobinski.

Reprenons l'égalité $e^{x(e^t-1)} = \sum_{k=0}^{k=\infty} \frac{\phi_k(x)}{k!} t^k$, pour x fixé, et dérivons là formellement à l'ordre n au point $t = 0$. On obtient, puisque $e^{x(e^t-1)} = e^{-x} . \sum_{k=0}^{k=\infty} \frac{x^k e^{kt}}{k!}$, l'égalité suivante : $e^{-x} . \sum_{k=0}^{k=\infty} \frac{x^k k^n}{k!} = \phi_n(x)$.

On remarque qu'ici la dérivation se justifie facilement car la série de fonctions $t \mapsto \sum_{k=0}^{k=\infty} \frac{x^k e^{kt}}{k!}$ converge normalement sur [-1,1] ainsi que toutes ses dérivées successives, vu la majoration évidente : $\frac{x^k k^n e^{kt}}{k!} \leq \frac{(ex)^k k^n}{k!}$.

En particulier, pour $x = 1$ on obtient la formule dite de Dobinski, soit :

$$\boxed{b_n = \frac{1}{e} \sum_{k=0}^{k=\infty} \frac{k^n}{k!}}.$$

Cette égalité fait apparaître le nombre de Bell d'indice n comme le moment d'ordre n de la distribution de Poisson portée sur les entiers k avec un poids $\rho(k) = \frac{1}{e.k!}$.

Pour terminer cette étude il convient de dire que pour certaines fonctions élémentaires φ, la formule de Faà di Bruno se simplifie beaucoup et fait apparaître une suite de constantes 'universelles' , au sens qu'elles ne dépendent pas de la fonction f intervenant dans la composée. Un choix bien adapté de cette fonction permet alors souvent d'éclaircir le processus de création de ces coefficients. Le paragraphe suivant illustre bien ce procédé.

1.2.4 Un exemple d'application simplifiée.

Nous considèrerons ici la fonction $\varphi : x \mapsto \frac{1}{x}$. La formule condensée de Faà di Bruno nous dit que :

$$\left(f(\frac{1}{x})\right)^{(n)} = \sum_{k=0}^{k=n} B_{(n,k)}(\frac{-1}{x^2},.....,\frac{(-1)^j j!}{x^{j+1}},.....,\frac{(-1)^{n-k+1}(n-k+1)!}{x^{n-k+2}})f^{(k)}(\frac{1}{x})$$

On se rappelle que $B_{(n,k)}(x_1,...,x_{n-k+1}) = \sum_{j\in E_{(n,k)}} c(n,k,j)(x_1)^{j_1}....(x_{n-k+1})^{j_{n-k+1}}$, avec la somme indexée sur l'ensemble des familles j telles que : $j_1 + ... + j_{n-k+1} = k$ et $j_1 + 2j_2 + ... + (n-k+1)j_{n-k+1} = n$. Chaque terme de la somme composant l'expression ci dessus en $B_{(n,k)}$ est donc multiple de $\frac{1}{x^{2j_1+3j_2+...(n-k+2)j_{n-k+1}}}$. Or de manière évidente : $2j_1 + 3j_2 + ... + (n-k+2)j_{n-k+1} = n+k$. On obtient donc une formule simplifiée pour $n \geq 1$ du type :

$$\left(f(\frac{1}{x})\right)^{(n)} = \frac{1}{x^{2n}} \sum_{k=0}^{k=n-1} \alpha_n^k x^k f^{(n-k)}(\frac{1}{x}) .$$ (On rappelle $B_{(n,0)} = 0$ pour $n \geq 1$)

Choisissons maintenant $f(x) = e^x$. On en déduit, sur R privé de 0, bien sûr, l'égalité : $\left(e^{\frac{1}{x}}\right)^{(n)} = \frac{P_n(x)e^{\frac{1}{x}}}{x^{2n}}$ avec $P_n(x) = \sum_{k=0}^{k=n-1} \alpha_n^k x^k$. On va voir que ces polynômes peuvent être générés de proche en proche de plusieurs façons.

_ Par dérivation élémentaire de la relation ci-dessus. Il vient en effet :

$\left(e^{\frac{1}{x}}\right)^{(n+1)} = (-2nx^{-2n-1}P_n(x) + x^{-2n}P_n'(x))e^{\frac{1}{x}} - x^{-2n-2}P_n(x)e^{\frac{1}{x}}$, ce qui peut s'écrire aussi $\left(e^{\frac{1}{x}}\right)^{(n+1)} = \frac{P_{n+1}(x)e^{\frac{1}{x}}}{x^{2(n+1)}}$ avec $\boxed{P_{n+1}(x) = x^2P_n'(x) - (2nx+1)P_n(x)}$ (1)

_ En remarquant que $g : x \mapsto e^{\frac{1}{x}}$ vérifie la relation $g(x) = -x^2 g'(x)$; La formule de dérivation du produit à l'ordre n nous donne alors :

$-g^{(n)}(x) = x^2 g^{(n+1)}(x) + 2nxg^{(n)}(x) + n(n-1)g^{(n-1)}(x)$. En utilisant

$g^{(k)}(x) = \dfrac{P_k(x)e^{\frac{1}{x}}}{x^{2k}}$, il vient : $\boxed{P_{n+1}(x) = -(2nx+1)P_n(x) - n(n-1)x^2 P_{n-1}(x)}$ (2)

Et en confrontant (1) et (2), on obtient : $\boxed{P_n'(x) = -n(n-1)P_{n-1}(x)}$ (3)

Cette dernière relation permettra d'évaluer facilement ces polynômes par intégrations successives, la constante étant évaluée à l'aide de la valeur en 0. Or celle-ci s'obtient simplement d'après (2) appliquée en 0 qui donne $P_{n+1}(0) = -P_n(0)$. Comme $P_0 = 1$ on aura alors $P_n(0) = (-1)^n$.

Si on revient maintenant aux coefficients α_n^k de P_n , la relation (3) s'explicite sous la forme : $\boxed{k.\alpha_n^k = -n(n-1)\alpha_{n-1}^{k-1}}$, pour $k \in \{ 1,....,n-1 \}$.

On en déduit facilement par itération de cette égalité et télescopage, l'expression générale : $\boxed{\alpha_n^k = (-1)^n k! C_{n-1}^k C_n^k}$ pour tout k de $\{ 0,....,n-1 \}$.

On peut les écrire également $\alpha_n^k = \dfrac{k+1}{n} N(n,k+1)$, avec $N(n,k) = \dfrac{1}{n} C_n^k C_n^{k-1}$ nombre dit de Narayana.

Faisons une petite vérification avec MAPLE :

```
> a:=(n,k)->(-1)^n*k!*binomial(n-1,k)*binomial(n,k);
```

$$a := (n, k) \to (-1)^n\, k!\ \mathrm{binomial}(n-1, k)\ \mathrm{binomial}(n, k)$$

```
> P:=sum(a(7,j)*x^j,j=0..6);
```

$$P := -5040\,x^6 - 15120\,x^5 - 12600\,x^4 - 4200\,x^3 - 630\,x^2 - 42\,x - 1$$

```
> simplify(collect(diff(exp(1/x),x$7),exp(1/x)));
```

$$-\frac{(5040\,x^6 + 15120\,x^5 + 12600\,x^4 + 4200\,x^3 + 630\,x^2 + 42\,x + 1)\,\mathrm{e}^{\left(\frac{1}{x}\right)}}{x^{14}}$$

Remarquons que si on utilise maintenant la formule explicite de Faà di Bruno, et puisque $\dfrac{\varphi^{(i)}(x)}{i!} = \dfrac{(-1)^{i+1}}{x^{i+1}}$, on obtient après simplifications évidentes la relation intéressante : $\alpha_n^{n-k} = (-1)^n \displaystyle\sum_{\substack{j_1+2j_2+\ldots+nj_n=n \\ j_1+j_2+\ldots\ldots+j_n=k}} \frac{n!}{(j_1)!\ldots.(j_n)!}$.

Vu l'expression obtenue pour les coefficients de P_n, cela se résume à :

$$\boxed{\sum_{\substack{j_1+2j_2+\ldots+nj_n=n \\ j_1+j_2+\ldots\ldots+j_n=k}} \frac{1}{(j_1)!\ldots.(j_n)!} = \frac{C_n^k}{n(k-1)!}}$$

Testons là par exemple sur le polynôme partiel $B_{(7,3)}$ pour lequel la répartition des *j* tels que $\begin{cases} j_1+2j_2+3j_3+4j_4+5j_5=7 \\ j_1+2j_2+3j_3+4j_4+5j_5=3 \end{cases}$ a été étudiée plus haut dans l'introduction de la formule . $\dfrac{1}{1!}+\dfrac{1}{2!}+\dfrac{1}{2!}+\dfrac{1}{2!}=\dfrac{5}{2}$ et $\dfrac{C_7^3}{7(2)!}=\dfrac{5}{2}$.

On peut aller plus loin en s'interrogeant sur la somme $\boxed{\displaystyle\sum_{j_1+2j_2+\ldots+nj_n=n} \frac{1}{(j_1)!\ldots.(j_n)!}}$

L'analyse précise de la formule nous montre que ce coefficient correspond simplement à la valeur $(-1)^n \dfrac{P_n(1)}{n!}$. Or d'après la relation (2), les termes $a_n = (-1)^n P_n(1)$ peuvent donc être facilement évalués de proche en proche par : $a_0 = 1$; $a_1 = 1$; $a_{n+1} = (2n+1)a_n - n(n-1)a_{n-1}$

Voici la liste des premiers termes : >

```
a[0]:=1;a[1]:=1; for j from 1 to 10 do
a[j+1]:=((2*j+1)*a[j]-j*(j-1)*a[j-1]);od;
```

$$a_0 := 1 \;\; a_1 := 1 \;\; a_2 := 3 \;\; a_3 := 13 \;\; a_4 := 73 \;\; a_5 := 501 \;\; a_6 := 4051$$
$$a_7 := 37633 \;\; a_8 := 394353 \;\; a_9 := 4596553 \;\; a_{10} := 58941091$$
$$a_{11} := 824073141$$

On a aussi d'après l'étude précédente des α_n^k : pour $n \geq 1$ $a_n = \sum_{k=0}^{k=n-1} k! C_{n-1}^k C_n^k$

Testons l'égalité $a_n = n! \left(\sum_{j_1+2j_2+...+nj_n=n} \frac{1}{(j_1)!....(j_n)!} \right)$ pour $n = 6$.

Le tableau suivant donne toutes les 11 façons de partitionner un ensemble de cardinal 6 en j_1 blocs de 1, j_2 blocs de 2, …., j_6 blocs de 6.

6	4	3	2	2	1	1	0	0	0	0
0	1	0	2	0	1	0	1	3	0	0
0	0	1	0	0	1	0	0	0	2	0
0	0	0	0	1	0	0	1	0	0	0
0	0	0	0	0	0	1	0	0	0	0
0	0	0	0	0	0	0	0	0	0	1

On a bien : $4051 = 6!(\frac{1}{6!} + \frac{1}{4!} + \frac{1}{3!} + \frac{1}{2!2!} + \frac{1}{2!} + \frac{1}{1!} + \frac{1}{1!} + \frac{1}{1!} + \frac{1}{3!} + \frac{1}{2!} + \frac{1}{1!})$

La suite a_n ci-dessus est répertoriée dans l'encyclopédie en ligne des suites entières sous le code A000262 et la formule obtenue ci-dessus y est mentionnée par Thomas Wieder à la date de mai 2005.

Ceci termine notre première étude. Dans la suite nous découvririons d'autres coefficients universel fondamentaux dérivant de la formule (F), soit les nombres de Stirling.

1.3 Les nombres de Stirling.

1.3.1 Définition et premiers résultats.

L'application de la formule de Faà di Bruno à des dérivées successives d'une composée du type $g(x) = f(e^x)$ nous donne ici directement :
$g^{(n)}(x) = \sum_{k=0}^{k=n} B_{(n,k)}(\underbrace{e^x,\dots,e^x}_{n-k+1}) f^{(k)}(e^x)$.

Or on a vu dans le chapitre précédent, que $B_{(n,k)}(\underbrace{X,\dots,X}_{n-k+1}) = B_{(n,k)}(\underbrace{1,\dots,1}_{n-k+1})X^k$

Le nombre $S(n,k) = B_{(n,k)}(\underbrace{1,\dots,1}_{n-k+1})$ est appelé nombre de Stirling de deuxième espèce. Il représente, on l'a vu dans l'étude des polynômes partiels de Bell, le nombre de façons de partitionner un ensemble de n éléments en k blocs. Ces entiers sont souvent représentés par le symbole $\left\{ \begin{matrix} n \\ k \end{matrix} \right\}$. Rappelons que pour $n \geq 1$ on a $B_{(n,0)} = 0$. La formule de Faà di Bruno se simplifie donc ici pour $n \geq 1$ sous la forme :

$$\boxed{g^{(n)}(x) = \sum_{k=1}^{k=n} S(n,k)e^{kx}.f^{(k)}(e^x)}. \quad \text{(F)}$$

Le polynôme exponentiel de Bell d'ordre n s'écrivant alors : $\phi_n(x) = \sum_{k=0}^{k=n} S(n,k)x^k$. Une dérivation élémentaire de la formule (F) précédente nous donne :

$g^{(n+1)}(x) = \sum_{k=1}^{k=n} S(n,k)ke^{kx}.f^{(k)}(e^x) + \sum_{k=0}^{k=n} S(n,k)e^{(k+1)x}.f^{(k+1)}(e^x)$, soit en regroupant :

$g^{(n+1)}(x) = \sum_{k=1}^{k=n} [kS(n,k) + S(n,k-1)]e^{kx}.f^{(k)}(e^x) + S(n,n)e^{(n+1)x} f^{(n+1)}(e^x)$.

On en déduit donc les relations élémentaires : Pour $1 \leq k \leq n$:

$$\boxed{S(n+1,k) = kS(n,k) + S(n,k-1)} \quad \text{et} \quad S(n+1,n+1) = S(n,n)$$

Puisque $S(1,1)=1$, ces formules nous permettent de construire facilement par lignes successives le tableau de ces coefficients. Rappelons que les sommes des termes d'une ligne d'ordre n donne le nombre de Bell d'indice correspondant, nombre total de partitions d'un ensemble de cardinal n.

1						$b_1=1$
1	1					$b_2=2$
1	3	1				$b_3=5$
1	7	6	1			$b_4=15$
1	15	25	10	1		$b_5=52$
1	31	90	65	15	1	$b_6=203$

Ces formules nous permettent aussi de valider directement la relation évoquée dans le chapitre précédent pour les polynômes de Bell exponentiels : $\phi_{n+1}(x)=x[\phi'_n(x)+\phi_n(x)]$.

En effet : $x[\phi'_n(x)+\phi_n(x)]=\sum_{k=1}^{k=n} kS(n,k)x^k+\sum_{k=0}^{k=n} S(n,k)x^{k+1}$.

Donc, en regroupant : $x[\phi'_n(x)+\phi_n(x)]=\sum_{k=1}^{k=n}[kS(n,k)+S(n,k-1)]x^k+x^{n+1}$.

On retrouve bien le polynôme d'ordre suivant : $\sum_{k=0}^{k=n} S(n+1,k)x^k+x^{n+1}=\phi_{n+1}(x)$.

Enfin on pourra remarquer que ces relations permettent de retrouver facilement l'interprétation combinatoire de ces nombres. En effet si on ajoute un élément ω à un ensemble E de cardinal n, les partitions de ce plus vaste ensemble en k blocs sont de deux sortes.

_ Celles où $\{\omega\}$ est un bloc a lui tout seul. Il y en a donc autant que les partitions de E en $k-1$ blocs.

_ Celles où l'on a rajouté ω à un des blocs d'une partition de E en k blocs. Il y en a donc k fois le nombre de partitions de E en k blocs.
Cela est bien résumé par la formule : $S(n+1,k)=kS(n,k)+S(n,k-1)$

1.3.2 Les polynômes factoriels.

Exploitons la formule (F) dans le cas où $f(x)=x^{\alpha}$, avec α réel. On a alors $g(x)=e^{\alpha x}$ dont on peut en fait évaluer directement la dérivée d'ordre n, soit : $g^{(n)}(x)=\alpha^n e^{\alpha x}$. Les dérivées successives de f font apparaître naturellement une suite de polynômes de la variable α. On a en effet :
$f'(x)=\alpha x^{\alpha-1}$; $f''(x)=\alpha(\alpha-1)x^{\alpha-2}$;......$f^{(k)}(x)=\underbrace{\alpha(\alpha-1)....(\alpha-(k-1))}_{k\ termes}.x^{\alpha-k}$.

On définit alors le polynôme factoriel d'ordre n par : $F_n(x)=\prod_{k=0}^{k=n-1}(x-k)$,

pour $n\geq 1$ et $F_0(x)=1$. L'application de la formule (F) nous donne alors :

$\alpha^n e^{\alpha x}=\sum_{k=0}^{k=n}S(n,k)e^{kx}F_k(\alpha).e^{(\alpha-k)x}$, ce qui entraîne : $\alpha^n=\sum_{k=0}^{k=n}S(n,k)F_k(\alpha)$.

Les nombres de Stirling $S(n,k)$ apparaissent donc ici comme les composantes du polynôme $x\mapsto x^n$ dans la base $F_0,....,F_n$ de l'espace des polynômes de degré au plus n.
On peut retrouver cela de manière plus élémentaire par le schéma suivant :

Les polynômes factoriels sont intéressants pour le calcul de sommes du type $S=\sum_{k=0}^{k=N}P(k)$, où P désigne un polynôme quelconque. En effet ils vérifient une équation aux différences premières particulièrement simple : $F_n(x+1)-F_n(x)=nF_{n-1}(x)$.

On en déduit donc par simplification diagonale : $\sum_{k=0}^{k=N}F_n(k)=\frac{F_{n+1}(N+1)}{N+1}$. Il suffira donc de décomposer le polynôme P dans la base des polynômes factoriels pour en déduire une expression condensée de la somme S.

Supposons donnée une décomposition : $x^n = \sum_{k=0}^{k=n} a(n,k) F_k(x)$.

Examinons ce que deviennent les composantes lorsque l'on passe de x^n à x^{n+1}. En écrivant $x = (x-k)+k$, la multiplication par x donne la relation : $xF_k(x) = F_{k+1}(x) + kF_k(x)$.

Ainsi $x^n = \sum_{k=0}^{k=n} a(n,k)F_k(x)$ induit $x^{n+1} = \sum_{k=0}^{k=n} a(n,k)[F_{k+1}(x) + kF_k(x)]$, et en regroupant les indices : $x^{n+1} = \sum_{k=1}^{k=n} [a(n,k-1) + ka(n,k)]F_k(x) + a(n,n)F_{n+1}(x)$.

D'où pour $k \leq n$ $a(n+1,k) = ka(n,k) + a(n,k-1)$ et $a(n+1,n+1) = a(n,n)$

La génération par ligne des $a(n,k)$ est donc la même que celle des $S(n,k)$. Il suffit maintenant de constater la coïncidence au départ, ce qui est évident car $1 = F_0$ et $x = F_1$. On retrouve ainsi le résultat donné directement par la formule de Faà di Bruno.

1.3.3 Une formule explicite.

Il existe en fait une méthode simple pour décomposer un polynôme en combinaison des factoriels. Elle repose sur l'opérateur Δ des différences premières, transformant le polynôme $P(x)$ en $Q(x) = P(x+1) - P(x)$. On établit facilement de proche en proche la formule :

Pour tout polynôme *P* de degré *n* : $P(x) = \sum_{k=0}^{k=n} \frac{\Delta^k(P)(0)}{k!}.F_k(x)$

_ Elle est bien sûr évidente pour les polynômes constants car $\Delta^0(P) = P$.

_ Supposons la vraie jusqu'à l'ordre *n* et examinons *P* de degré *n*+1. Il est clair vu la formule du binôme, que ΔP est de degré au plus *n*, les termes de plus haut degré dans $P(x)$ et $P(x+1)$ s'éliminant. On peut donc écrire vu notre hypothèse : $(\Delta P)(x) = \sum_{k=0}^{k=n} \frac{\Delta^{k+1}(P)(0)}{k!}.F_k(x)$.

Or la relation mentionnée plus haut, $F_n(x+1)-F_n(x)=nF_{n-1}(x)$ s'interprète avec l'opérateur Δ comme : $\Delta(F_n)=nF_{n-1}$. Ceci nous donne, vu la linéarité évidente de Δ : $(\Delta P)(x)=\Delta\left(\sum_{k=0}^{k=n}\frac{\Delta^{k+1}(P)(0)}{(k+1)!}.F_{k+1}\right)(x)$.

Mais le noyau de Δ est formé des polynômes constants, les seuls à être périodiques ! On en déduit que $P(x)=\sum_{k=0}^{k=n}\frac{\Delta^{k+1}(P)(0)}{(k+1)!}.F_{k+1}(x)+C$.

Enfin, pour $x=0$ on obtient $P(0)=C$. Ceci nous donne donc bien la formule à l'ordre suivant $n+1$: $P(x)=\sum_{k=0}^{k=n+1}\frac{\Delta^{k}(P)(0)}{k!}.F_{k}(x)$.

Etudions maintenant le calcul des coefficients $\Delta^k(P)(0)$. Ecrivons pour cela $\Delta=S-I$ avec I fonction identique, et S l'opérateur 'shift' transformant $P(x)$ en $P(x+1)$. Les opérateurs S et I commutant, on a d'après la formule du binôme généralisée dans un anneau quelconque, la formule : $\Delta^k=\sum_{q=0}^{q=k}C_k^q S^q\circ(-I)^{k-q}$, ce qui nous donne : $\Delta^k(P)(0)=\sum_{q=0}^{q=k}C_k^q(-1)^{k-q}P(q)$.

Appliquée à $P(x)=x^n$, elle conduit pour la composante de x^n sur F_k à l'égalité explicite : $\boxed{S(n,k)=\frac{(-1)^k}{k!}\sum_{q=0}^{q=k}(-1)^q C_k^q(q)^n}$

La voici fonctionnant en tant que procédure MAPLE :

```
> S:=proc(n,k)
local s,q;
s:=sum(binomial(k,q)*((-1)^q)*q^n,q=0..k);s:=(-
1)^k*s/k!;end;
    S := proc (n, k)
    local s, j;
        s := sum( binomial( k, q )×( -1 )^q×q^n, q = 0 .. k ); s := ( -1 )^k×s/k!
    end proc

> for i from 0 to 6 do S(6,i);od;
```

$$0\ ;\ 1\ ;\ 31\ ;\ 90\ ;\ 65\ ;\ 15\ ;\ 1$$

1.3.4 Nombres de Bernoulli et nombres de Stirling.

Rappelons la fonction génératrice exponentielle des nombres de Bernoulli :

$g(x)=\dfrac{x}{e^x-1}=\sum_{n=0}^{n=\infty}\dfrac{\beta_n}{n!}x^n$. On peut écrire $g(x)=f(e^x)$, avec $f(x)=\dfrac{\ln(x)}{x-1}$.

On a donc d'après (F) : $g^{(n)}(x)=\sum_{k=0}^{k=n}S(n,k)e^{k.x}f^{(k)}(e^x)$. On en déduit en 0 :

$\beta_n=\sum_{k=0}^{k=n}S(n,k).f^{(k)}(1)$. Or *f* est une série entière de la variable $x-1$, avec le

développement classique : $f(x)=\sum_{n=0}^{n=\infty}\dfrac{(-1)^n}{n+1}(x-1)^n$.

On a donc $f^{(n)}(1)=\dfrac{(-1)^n n!}{n+1}$ et par suite l'égalité :

$$\boxed{\beta_n=\sum_{k=0}^{k=n}\frac{(-1)^k k!S(n,k)}{k+1}}$$

Formule dite de Maurice d'Ocagne. (1889)

La voici testé sur MAPLE, utilisant la procédure *S* précédemment définie.

```
> bern:=proc(n)
local k,s;
s:=0; for k from 0 to n do
s:=s+((-1)^k)*k!*S(n,k)/(k+1);od;end;
    bern := proc (n)
    local k, s;
        s := 0; for k from 0 to n do s := s + (-1)^k×S(n, k)×k!/(k + 1) end do
    end proc

> for j from 0 to 20 do
lprint(bern(j),bernoulli(j));od;
1, 1
-1/2, -1/2
1/6, 1/6
0, 0
-1/30, -1/30
0, 0
1/42, 1/42
```

```
0, 0
-1/30, -1/30
0, 0
5/66, 5/66
0, 0
-691/2730, -691/2730
0, 0
7/6, 7/6
0, 0
-3617/510, -3617/510
0, 0
43867/798, 43867/798
0, 0
-174611/330, -174611/330
```

Il existe un bon nombre d'égalités mettant en jeu les $S(n,k)$. Ecrivons par exemple la formule f dans le cas où $f(x)=\ln(x)$. Pour $k\geq 1$: $f^{(k)}(x)=\dfrac{(-1)^{k-1}(k-1)!}{x^k}$. Comme ici $g(x)=\ln(e^x)=x$, l'application de (F) donne pour $n\geq 2$:

$$0=\sum_{k=0}^{k=n}S(n,k)e^{kx}\frac{(-1)^{k-1}(k-1)!}{e^{kx}},\ \text{soit : } \sum_{k=0}^{k=n}(-1)^k(k-1)!S(n,k)=0 .$$

Revenons un instant aux polynômes factoriels. Les intégrales $\alpha_n = \int_0^1 F_n(t)dt$ sont intéressantes. On peut montrer que ce sont les valeurs des dérivées en 1 de la fonction $x\mapsto f(x)=\dfrac{x-1}{\ln(x)}$. En effet on a de manière évidente : $f(x)=\int_0^1 x^t dt$. Les dérivations successives par rapport à x sous l'intégrale nous donnent alors à l'ordre n :

$f^{(n)}(x)=\int_0^1 F_n(t)x^{t-n}dt$, d'où au point 1 : $f^{(n)}(1)=\int_0^1 F_n(t)dt$. On peut montrer également, mais c'est beaucoup plus délicat, que ces coefficients apparaissent dans la suite des moments de la mesure de densité $\rho(x)=\dfrac{1}{\ln^2(\frac{x}{1-x})+\pi^2}$, portée sur $[0,1]$. On peut en voir l'explication dans le problème 2 de cet ouvrage.

Plus précisément on a :

pour $n \geq 2$: $\left(\dfrac{x}{\ln(1+x)}\right)^{(n)}(0) = \int_0^1 F_n(t)dt = (-1)^{n+1}\int_0^1 \dfrac{x^{n-2}dx}{\ln^2(\frac{x}{1-x})+\pi^2}$

Voici une visualisation avec MAPLE :

```
> series(x/ln(1+x),x=0,8);
```

$$1+\frac{1}{2}x-\frac{1}{12}x^2+\frac{1}{24}x^3-\frac{19}{720}x^4+\frac{3}{160}x^5-\frac{863}{60480}x^6+O(x^7)$$

```
> a6:=int(x*(x-1)*(x-2)*(x-3)*(x-4)*
(x-5),x=0..1)/6!;
```

$a6 := \dfrac{-863}{60480}$

```
> evalf(a6);
```

-0.01426917989

```
> evalf(int(x^4/(ln(x/(1-x))^2+Pi^2),x=0..1));
```

0.01426917989

La relation de décomposition $x^n = \sum_{k=0}^{k=n} S(n,k)F_k(x)$ nous donne alors par intégration sur $[0,1]$ l'égalité : $\dfrac{1}{n+1} = \sum_{k=0}^{k=n} S(n,k)\alpha_k$. Ceci peut être tiré directement de (F) car la fonction $x \mapsto g(x) = f(e^x) = \dfrac{e^x-1}{x}$ a sa dérivée d'ordre n en 0 égale précisément à $\dfrac{1}{n+1}$.

1.3.5 Les nombres de Stirling de première espèce.

Ils apparaissent de manière symétrique à ceux de seconde espèce lorsqu'on écrit la formule de Faà di Bruno pour $\varphi(x) = \ln(x)$. Pour $k \geq 1$ $\varphi^{(k)}(x) = \dfrac{(-1)^{k-1}(k-1)!}{x^k}$. Ainsi on obtient avec $g(x) = f(\ln(x))$:

$$g^{(n)}(x) = \sum_{k=0}^{k=n} B_{(n,k)}(\underbrace{\frac{1}{x},\frac{-1}{x^2}...,\frac{(-1)^{i-1}(i-1)!}{x^i},....,\frac{(-1)^{n-k}(n-k)!}{x^{n-k+1}}}_{n-k+1})f^{(k)}(\ln(x))$$

Ici aussi l'homogénéité des termes de $B_{(n,k)}$, vu la relation $j_1+2j_2+...+(n-k+1)j_{n-k+1}=n$, donne

$$B_{(n,k)}(\underbrace{\frac{1}{x},\frac{-1}{x^2}...,\frac{(-1)^{i-1}(i-1)!}{x^i},....\frac{(-1)^{n-k}(n-k)!}{x^{n-k+1}}}_{n-k+1})=\frac{s(n,k)}{x^n}$$

, et par suite conduit

à la formule simplifiée : $\boxed{g^{(n)}(x)=\frac{1}{x^n}\sum_{k=1}^{k=n}s(n,k)f^{(k)}(\ln(x))}$.

Les coefficients $s(n,k)$ sont appelés nombres de Stirling de première espèce. Une dérivation élémentaire de l'égalité précédente conduit facilement aux relations :

Pour $k\in\{1,....,n\}$ $s(n+1,k)=s(n,k-1)-ns(n,k)$ et $s(n+1,n+1)=s(n,n)$. Voici le tableau des premiers nombres :

1						$s_1=1$
-1	1					$s_2=0$
2	-3	1				$s_3=0$
-6	11	-6	1			$s_4=0$
24	-50	35	-10	1		$s_5=0$
-120	274	-225	85	-15	1	$s_6=0$

Si on applique la formule de dérivation ci-dessus avec $f(x)=e^{\alpha x}$, on a alors puisque $g(x)=x^{\alpha}$: $g^{(n)}(x)=F_n(\alpha)x^{\alpha-n}=\frac{1}{x^n}\sum_{k=1}^{k=n}s(n,k)\alpha^k x^{\alpha}$.

On a donc $F_n(\alpha)=\sum_{k=1}^{k=n}s(n,k)\alpha^k$, qui montre que les $s(n,k)$ ne sont autres que les composantes des polynômes factoriels dans la base des puissances naturelles. Les deux matrices représentant les polynômes de Stirling des deux espèces sont donc exactement inverses l'une de l'autre. (On complète bien sûr les éléments manquants dans les tableaux précédents par des zéros, ce qui correspond à des composantes nulles.)

Dans la notation de Knuth on représente les nombres de deuxième espèce par $\begin{Bmatrix} n \\ k \end{Bmatrix}$ et ceux de première espèce par $\begin{bmatrix} n \\ k \end{bmatrix}$. Si δ_i^j est le symbole de Kronecker, désignant le coefficient générique d'une matrice unité, on a alors pour i et j éléments de $\{1,\dots,n\}$: $\sum_{k=1}^{k=n} \begin{bmatrix} i \\ k \end{bmatrix} \times \begin{Bmatrix} k \\ j \end{Bmatrix} = \delta_i^j$ et $\sum_{k=1}^{k=n} \begin{Bmatrix} k \\ i \end{Bmatrix} \times \begin{bmatrix} j \\ k \end{bmatrix} = \delta_i^j$.

Les valeurs absolues de ces nombres de première espèce ont aussi une interprétation combinatoire concernant les permutations d'un ensemble, mais elle est beaucoup plus délicate à mettre en évidence. Nous ne l'aborderons pas ici.
Pour clore ce chapitre, voici un problème présentant un autre cas particulier de dérivation composée.

1.4 <u>**Problème 1.**</u> *Dérivées successives.*

Dans tout ce qui suit on désigne par f la fonction définie sur $\mathrm{R}-\{0\}$ par : $x \mapsto f(x) = \dfrac{1}{e^x - 1}$. On se propose d'étudier ses dérivées successives par différentes méthodes et de croiser les résultats des chemins d'approche.

A) Etude séquentielle.

1. Montrer que pour tout entier n il existe un polynôme P_n permettant d'expliciter la dérivée d'ordre n de f par la formule : $f^{(n)}(x) = \dfrac{P_n(e^x)}{(e^x - 1)^{n+1}}$.

2. Etablir les propriétés suivantes de P_n :

a) P_n est de degré n et de coefficient dominant $(-1)^n$

b) Les coefficients de P_n sont tous de même signe.

c) $P_n(1) = (-1)^n n!$ et pour $n \geq 1$ $P_n(0) = 0$.

3. Montrer que la courbe représentant f admet un centre de symétrie. En déduire que pour tout entier $n \geq 1$: $X^{n+1} P_n(\frac{1}{X}) = P_n(X)$. Quelle est la conséquence de cette égalité sur les coefficients de P_n ?

4. Montrer que pour tout entier n pair non nul : $P_n(-1) = 0$.

5. En partant de l'égalité fonctionnelle $(e^x - 1) f(x) = 1$, établir grâce à Leibniz que pour $n \geq 1$: $P_n(X) = -X.\sum_{k=0}^{k=n-1} C_n^k P_k(X)(X-1)^{n-k-1}$. En déduire une relation pour évaluer de proche en proche les $v_k = P_{2k+1}(-1)$.

6. Montrer que f satisfait à l'équation différentielle $y' + y + y^2 = 0$. En déduire que les valeurs en -1 des polynômes d'indice impair peuvent aussi s'évaluer par la formule : $v_n = -\sum_{k=1}^{k=n} C_{2n}^{2k-1} v_{k-1} v_{n-k}$, avec pour source $v_0 = 1$.

7. En remarquant l'égalité $2f(2x) = f(x) + f(x + i\pi)$, établir la relation suivante : $P_n(X^2) = \frac{1}{2^{n+1}}[(1+X)^{n+1} P_n(X) + (1-X)^{n+1} P_n(-X)]$

B) Etude par la formule de Faà di Bruno.

On rappelle sa formulation élémentaire, dans le cas où le changement de variable est $\varphi(x) = e^x$. La dérivée d'ordre n de $g(x) = f(e^x)$ s'explicite par :

$g^{(n)}(x) = \sum_{k=0}^{k=n} S(n,k) e^{kx} f^{(k)}(e^x)$, avec $S(n,k)$ nombre de Stirling de deuxième espèce générés par : $S(n+1,k) = kS(n,k) + S(n,k-1)$, avec $S(n,n) = 1$ pour tout n et $S(n,0) = 0$ pour $n \geq 1$.

1. Evaluer $f^{(n)}(x)$ grâce à la formule précédente et en déduire que $P_n(X)$ peut s'expliciter par : $P_n(X) = \sum_{k=0}^{k=n} (-1)^k k! S(n,k) X^k (X-1)^{n-k}$. Montrer que pour n pair non nul on a : $\sum_{k=0}^{k=n} (-1)^k \frac{k! S(n,k)}{2^k} = 0$.

2. Montrer que pour $n \geq 1$ $P_n(X) = X\sum_{k=0}^{k=n}(-1)^k k!S(n,k)(1-X)^{n-k}$

3. Montrer que pour tout entier n : $\sum_{k=0}^{k=n}(-1)^k k!S(n,k) = (-1)^n$

4. Montrer que $P_n(X) = \sum_{q=0}^{q=n} a(n,q)X^q$ avec des coefficients explicités par

$$a(n,q) = (-1)^n \sum_{k=0}^{k=q}(-1)^{q-k} k!C_{n-k}^{q-k}S(n,k)$$

5. Montrer que : $P_n(-1) = \dfrac{\mathrm{Re}((1+i)^{n+1}P_n(i))}{2^n}$.

6. On considère un réel t positif quelconque et la fonction de variable x : $x \mapsto f_t(x) = \dfrac{1}{e^x + t}$. Montrer que la valeur en 0 de la dérivée d'ordre $n \geq 1$ de f_t s'explicite par : $(f_t)^{(n)}(0) = \dfrac{-P_n(-t)}{t(1+t)^{n+1}}$.

Corrigé.

A) Etude séquentielle.

1. La propriété est évidente pour $n = 0$ avec $P_0(X) = 1$. Supposons la vraie à un ordre entier n et effectuons la dérivation sur $\mathbb{R} - \{0\}$ de $f^{(n)}(x) = \dfrac{P_n(e^x)}{(e^x - 1)^{n+1}}$. Les théorèmes usuels donnent facilement $f^{(n+1)}(x) = e^x P_n'(e^x)(e^x - 1)^{-n-1} + (-n-1)e^x(e^x - 1)^{-n-2}P_n(e^x)$. Soit après factorisation évidente : $f_{n+1}(x) = \dfrac{e^x[(e^x - 1)P_n'(e^x) - (n+1)P_n(e^x)]}{(e^x - 1)^{n+2}}$.

Si on introduit le polynôme défini à partir de P_n par (F1) : $\boxed{P_{n+1}(X) = X[(X-1)P_n'(X) - (n+1)P_n(X)]}$, on obtient la proposition attendue à l'ordre suivant $n+1$, soit $f^{(n+1)}(x) = \dfrac{P_{n+1}(e^x)}{(e^x - 1)^{n+1+1}}$.

Le principe de récurrence assure donc la validité de la propriété à tout ordre entier. Voici l'évaluation par MAPLE des premiers polynômes de cette séquence :

```
> P[0]:=1;
```

$$P_0 := 1$$

```
> for n from 0 to 6 do P[n+1]:=simplify(X*((X-1)*diff(P[n],X)-(n+1)*P[n]));od;
```

$$P_1 := -X$$

$$P_2 := X\,(X+1)$$

$$P_3 := -X\,(X^2 + 4\,X + 1)$$

$$P_4 := X\,(X^3 + 11\,X^2 + 11\,X + 1)$$

$$P_5 := -X\,(X^4 + 26\,X^3 + 66\,X^2 + 26\,X + 1)$$

$$P_6 := X\,(X^5 + 57\,X^4 + 302\,X^3 + 302\,X^2 + 57\,X + 1)$$

$$P_7 := -X\,(X^6 + 120\,X^5 + 1191\,X^4 + 2416\,X^3 + 1191\,X^2 + 120\,X + 1)$$

2. Ici aussi nous procéderons par récurrence. L'examen des premiers polynômes suggèrent les propriétés décrites dans a) b) c) . Il suffit donc d'assurer leur hérédité.

_ Pour a) Si le terme dominant de $P_n(X)$ est $(-1)^n X^n$, la formule (F1) montre que le terme de plus haut degré dans $P_{n+1}(X)$ sera : $X[X.n(-1)^n X^{n-1} - (n+1)(-1)^n X^n] = (-1)^{n+1} X^{n+1}$, ce qu'il nous fallait démontrer.

_ Pour b). Supposons $P_n(X) = \sum_{k=0}^{k=n} a_{(n,k)} X^k$ avec tous les coefficients $a_{(n,k)}$ de même signe. La formule (F1) permet d'expliciter le coefficient $a_{(n+1,k+1)}$ de degré $k+1$ de P_{n+1} comme étant : $a_{(n+1,k+1)} = [k-(n+1)]a_{(n,k)} - (k+1)a_{(n,k+1)}$, avec la convention particulière $a_{(n,n+1)} = 0$. Comme les termes entre crochets $k-(n+1)$ sont négatifs, on en déduit que les $a_{(n+1,k+1)}$ sont tous du signe contraire des $a_{(n,k)}$.

_ Le c) est évident car d'après (F1) , $P_{n+1}(1) = -(n+1)P_n(1)$. D'où par télescopage à partir de $P_0(0) = 1$: $P_n(1) = (-1)^n n!$. Enfin notons que toujours d'après (F1), on a 0 racine évidente de P_{n+1} pour tout entier *n*.

3. Pour tout réel *x* non nul : $f(x) + f(-x) = \dfrac{1}{e^x - 1} + \dfrac{1}{e^{-x} - 1} = \dfrac{1 - e^x}{e^x - 1} = -1$. La courbe représentant f est donc symétrique par rapport au point de coordonnées $(0, -\dfrac{1}{2})$. La dérivation à un ordre $n \geq 1$ de l'égalité fonctionnelle $f(x) + f(-x) = -1$ nous donne sur $\mathrm{R} - \{0\}$ l'égalité : $f^{(n)}(x) + (-1)^n f^{(n)}(-x) = 0$. En explicitant les dérivées successives de f conformément au résultat de 1, cela donne : $\dfrac{P_n(e^x)}{(e^x - 1)^{n+1}} + (-1)^n \dfrac{P_n(e^{-x})}{(e^{-x} - 1)^{n+1}} = 0$

En posant $X = e^x$ il vient $e^{-x} = \dfrac{1}{X}$, d'où $\dfrac{P_n(X)}{(X-1)^{n+1}} + (-1)^n \dfrac{P_n(\frac{1}{X})}{(\frac{1}{X} - 1)^{n+1}} = 0$, valable pour tout réel $X > 0$ distinct de 1. Après simplification cela nous donne $X^{n+1} P_n(\dfrac{1}{X}) = P_n(X)$, qui s'étend à toute valeur réelle ou complexe de *X* car il s'agît d'une égalité de deux polynômes coïncidant en une infinité de réels, donc nécessairement égaux.

On en déduit en particulier que la liste ordonnée des coefficients de P_n peut être lue indifféremment selon les puissances croissantes ou décroissantes comme on le voit sur les 7 premiers polynômes évalués. En effet avec la notation précédente $P_n(X) = \sum_{k=0}^{k=n} a_{(n,k)} X^k$, l'égalité $X^{n+1} P_n(\dfrac{1}{X}) = P_n(X)$ donne $a_{(n,k)} = a_{(n,n+1-k)}$ pour tout *k* de $\{1, \ldots, n\}$.

4. Si on prend $X = -1$ dans la relation de la question précédente, on obtient $(-1)^{n+1} P_n(-1) = P_n(-1)$, ce qui entraîne bien sûr $P_n(-1) = 0$ pour *n* entier pair non nul. (On a le cas particulier $P_0(-1) = 1$) .

5. La formule de Leibniz de dérivation à l'ordre n d'un produit appliquée à l'égalité fonctionnelle $(e^x-1)f(x)=1$ nous conduit pour $n\geq 1$ à : $\sum_{k=0}^{k=n} C_n^k f^{(k)}(x)(e^x-1)^{(n-k)}=0$. Soit en explicitant les dérivées apparaissant :

$\sum_{k=0}^{k=n-1} C_n^k \frac{P_k(e^x)}{(e^x-1)^{k+1}}.e^x+\frac{P_n(e^x)}{(e^x-1)^{n+1}}.(e^x-1)=0$. En posant $X=e^x$ on a bien après simplifications évidentes : $P_n(X)=-X.\sum_{k=0}^{k=n-1} C_n^k P_k(X)(X-1)^{n-k-1}$, égalité polynomiale s'étendant encore ici à tout complexe X.

Si on l'écrit pour $X=-1$ et en changeant n en $2n$ pour les indices pairs, on obtient : $P_{2n}(-1)=\sum_{k=0}^{k=2n-1} C_{2n}^k P_k(-1)(-2)^{2n-1-k}$. Rappelons alors que $P_k(-1)=0$ pour k entier pair non nul. En ne retenant que les termes non nuls dans la somme, il en résulte pour $n\geq 1$: $0=(-2)^{2n-1}+\sum_{k=1}^{k=n} C_{2n}^{2k-1} P_{2k-1}(-1)(-2)^{2n-2k}$, ou encore après simplifications et en posant $v_k=P_{2k+1}(-1)$: $1=\sum_{k=1}^{k=n} C_{2n}^{2k-1}\frac{v_{k-1}}{2^{2k-1}}$.

On explicite ainsi les v_k de proche en proche à partir de $v_0=P_1(-1)=1$.

Par exemple avec MAPLE :

```
> v[0]:=1;
```

$v_0 := 1$

```
> for n from 2 to 10 do v[n-1]:=(4^(n-
1)/n)*simplify(1-sum(binomial(2*n,2*k-1)*(2)^(-
2*k+1)*v[k-1],k=1..n-1));od;
```

$v_1 := -2 \quad v_2 := 16 \quad v_3 := -272 \quad v_4 := 7936$

$v_5 := -353792 \quad v_6 := 22368256 \quad v_7 := -1903757312$

$v_8 := 209865342976 \quad v_9 := -29088885112832$

6. De $f'(x) = \dfrac{-e^x}{(e^x-1)^2}$ on tire facilement : $-f'(x) = \dfrac{1}{e^x-1}(\dfrac{1}{e^x-1}+1)$, soit encore : $-f'(x) = f(x)(1+f(x))$. En appliquant à nouveau la formule de Leibniz à un ordre n quelconque, on obtient la relation suivante :

$$-f^{(n+1)}(x) = f^{(n)}(x)(1+f(x)) + \sum_{k=0}^{k=n-1} C_n^k f^{(k)}(x) f^{(n-k)}(x).$$

Ceci se traduit sur les polynômes P_n par :

$-\dfrac{P_{n+1}(X)}{(X-1)^{n+2}} = \dfrac{P_n(X)}{(X-1)^{n+1}}\left(1+\dfrac{1}{X-1}\right) + \sum_{k=0}^{k=n-1} C_n^k \dfrac{P_k(X)P_{n-k}(X)}{(X-1)^{n+2}}$, et qui se simplifie facilement en : $-P_{n+1}(X) = (X+1)P_n(X) + \sum_{k=1}^{k=n-1} C_n^k P_k(X) P_{n-k}(X)$.

En l'écrivant pour $X=-1$, et en remplaçant n par un indice pair $2n$ obtient la relation : $-v_n = 0 + \sum_{k=1}^{k=n} C_{2n}^{2k-1} v_{k-1} v_{n-k}$.

7. $f(2x) = \dfrac{1}{e^{2x}-1} = \dfrac{1}{2}\left(\dfrac{1}{e^x-1} - \dfrac{1}{e^x+1}\right)$. On a donc bien la relation fonctionnelle $2f(2x) = f(x) + f(x+i\pi)$. En dérivant à l'ordre n avec les théorèmes classiques on en déduit sur $\mathbb{R}-\{0\}$, l'égalité : $2^{n+1} f^{(n)}(2x) = f^{(n)}(x) + f^{(n)}(x+i\pi)$. Ceci se traduit sur les polynômes objets de l'étude par : $2^{n+1}\dfrac{P_n(X^2)}{(X^2-1)^{n+1}} = \dfrac{P_n(X)}{(X-1)^{n+1}} + \dfrac{P_n(-X)}{(-X-1)^{n+1}}$, simplement car $e^{2x} = (e^x)^2 = X^2$ et $e^{x+i\pi} = -e^x = -X$. En multipliant par $(X^2-1)^{n+1}$ on obtient facilement : $P_n(X^2) = \dfrac{1}{2^{n+1}}[(1+X)^{n+1}P_n(X) + (1-X)^{n+1}P_n(-X)]$.

B) Etude par la formule de Faà di Bruno.

1. Rappelons que la dérivée d'ordre k de $x \mapsto \dfrac{1}{x-1}$ s'explicite par : $\dfrac{(-1)^k k!}{(x-1)^{k+1}}$. On en déduit par intervention des nombres de Stirling :

$f^{(n)}(x)=\sum_{k=0}^{k=n}S(n,k)e^{kx}\dfrac{(-1)^k}{(e^x-1)^{k+1}}$. Avec $X=e^x$, il vient donc

$$f^{(n)}(x)=\frac{\sum_{k=0}^{k=n}(-1)^k S(n,k)X^k(X-1)^{n-k}}{(X-1)^{n+1}}.$$

Ainsi, le polynôme P_n étudié dans la première partie, s'explicite grâce aux nombres de Stirling grâce à la formule :

(F2) $P_n(X)=\sum_{k=0}^{k=n}(-1)^k k!S(n,k)X^k(X-1)^{n-k}$.

La propriété $P_n(-1)=0$ pour n entier pair non nul se traduit alors ici par : $\sum_{k=0}^{k=n}(-1)^k\dfrac{k!S(n,k)}{2^k}=0$.

2. On a vu dans A) que pour $n\geq 1$: $X^{n+1}P_n(\dfrac{1}{X})=P_n(X)$. En faisant intervenir (F2), cela se traduit : $P_n(X)=X^{n+1}\sum_{k=0}^{k=n}(-1)^k k!S(n,k)\dfrac{1}{X^k}(\dfrac{1}{X}-1)^{n-k}$, qui se simplifie en : (F3) $P_n(X)=X\sum_{k=0}^{k=n}(-1)^k k!S(n,k)(1-X)^{n-k}$.

3. On sait que le coefficient dominant de P_n est $(-1)^n$. L'examen du terme en X^n dans la formule (F2) nous donne alors directement l'expression : $\sum_{k=0}^{k=n}(-1)^k k!S(n,k)=(-1)^n$.

4. Le terme en X^{q-k} dans $(X-1)^{n-k}$ est $C_{n-k}^{q-k}(-1)^{n-q}X^{q-k}$, ceci pour $q-k\leq n-k$. On en déduit d'après (F2) que le coefficient de degré q dans P_n est donné par : $a(n,q)=\sum_{k=0}^{k=q}(-1)^k k!S(n,k)(-1)^{n-q}C_{n-k}^{q-k}$, c'est-à-dire :

$$a(n,q)=(-1)^n\sum_{k=0}^{k=q}(-1)^{q-k}k!C_{n-k}^{q-k}S(n,k)$$

5. Rappelons $P_n(X^2)=\frac{1}{2^{n+1}}[(1+X)^{n+1}P_n(X)+(1-X)^{n+1}P_n(-X)]$. Pour $X=i$ cela nous donne : $P_n(-1)=\frac{1}{2^{n+1}}[(1+i)^{n+1}P_n(i)+(1-i)^{n+1}P_n(-i)]$. Or le polynôme P_n est à coefficients réels. Ainsi $P_n(-i)$ est le conjugué de $P_n(i)$. D'où : $P_n(-1)=\frac{\mathrm{Re}((1+i)^{n+1}P_n(i))}{2^n}$.

Note : la suite $v_q=P_{2q+1}(-1)$ apparaît dans l'encyclopédie en ligne des suites entières. Plus précisément elle est reliée à celle d'indice A002105 par : $\frac{|v_q|}{2^q}=A002105[q+1]$. On tire alors facilement de 3 la formule explicite :

$$A002105[q]=\left|\sum_{k=0}^{k=2q+1}(-1)^k 2^{q+1-k}k!S(2q+1,k)\right|$$

L'encyclopédie donne l'expression $A002105[q-1]=2^q(4^q-1)\frac{|\beta_{2q}|}{q}$, avec β_{2q} nombre de Bernoulli d'ordre $2q$.

6. La dérivée d'ordre n de la fonction f_t s'explicite avec les nombres de Stirling par : $\frac{d^{(n)}}{dx^n}\left(\frac{1}{e^x+t}\right)=\sum_{k=0}^{k=n}S(n,k)e^{kx}.\frac{(-1)^k k!}{(e^x+t)^{k+1}}$. Pour $x=0$ on en déduit l'expression :

$$(f_t)^{(n)}(0)=\sum_{k=0}^{k=n}S(n,k)\frac{(-1)^k k!}{(1+t)^{k+1}}=\frac{\sum_{k=0}^{k=n}(-1)^k k!S(n,k)(t+1)^{n-k}}{(1+t)^{n+1}}$$

Or d'après (F3) : $P_n(X)=X\sum_{k=0}^{k=n}(-1)^k k!S(n,k)(1-X)^{n-k}$. Ainsi on peut écrire la relation condensée : $(f_t)^{(n)}(0)=\frac{-P_n(-t)}{t(1+t)^{n+1}}$.

Note : ces expressions se retrouveront dans le problème 2 du chapitre suivant.

Chapitre 2

DERIVATION FRACTIONNAIRE.

2.1 Dérivation sous l'intégrale.

2.1.1 Dérivation de fonctions intégrales.

Le tableau suivant résume les principales règles de dérivation d'une fonction définie par intégrale.

$g(x)=\int_a^x f(t)dt$	$g'(x)=f(x)$
$g(x)=\int_a^b f(x,t)dt$	$g'(x)=\int_a^b \frac{\partial f}{\partial x}(x,t)dt$
$g(x)=\int_a^x f(x,t)dt$	$g'(x)=f(x,x)+\int_a^x \frac{\partial f}{\partial x}(x,t)dt$

_ La première est valable en tout point d'un intervalle J contenant a sur lequel la fonction f est continue. Il suffit, pour $\varepsilon>0$ donné, d'assurer $|f(x)-f(x_0)|<\varepsilon$ en plaçant x dans un voisinage V bien choisi du point d'étude x_0. On en déduit par Chasles et comparaisons classiques, pour tout x de V, un encadrement du taux d'accroissement $\frac{g(x)-g(x_0)}{x-x_0}$ par les deux quantités $f(x_0)-\varepsilon$ et $f(x_0)+\varepsilon$, ce qui assure $\lim\limits_{x\to x_0}\frac{g(x)-g(x_0)}{x-x_0}=f(x_0)$.

Si on suppose simplement *f* intégrale au sens de Lebesgue sur l'intervalle *J*, la propriété $g'(x)=f(x)$ est vraie presque partout, c'est-à-dire hors d'un ensemble de mesure nulle.

_ La deuxième formule est valable sur un intervalle J si on suppose que les fonctions $(x,t) \mapsto f(x,t)$ et $(x,t) \mapsto \frac{\partial f}{\partial x}(x,t)$ soient continues sur $J \times [a,b]$ et si on a une majoration indépendante de x sur J : $\left|\frac{\partial f}{\partial x}(x,t)\right| \leq h(t)$ avec $\int_a^b h(t)dt < +\infty$.

Il suffit alors sous ces hypothèses, de considérer une suite $n \mapsto x_n$ convergente vers un point x de J et d'écrire $\frac{g(x_n)-g(x)}{x_n - x} = \int_a^b \frac{f(x_n,t)-f(x,t)}{x_n - x} dt$. On a pour tout entier n et vu la formule des accroissements finis, la majoration en valeur absolue : $\left|\frac{f(x_n,t)-f(x,t)}{x_n - t}\right| = \left|\frac{\partial f}{\partial x}(c_n,t)\right| \leq h(t)$, avec un c_n intermédiaire entre x et x_n.

La suite de fonctions de variable $t : n \mapsto \frac{f(x_n,t)-f(x,t)}{x_n - t}$ satisfait alors au hypothèses du théorème de convergence dominée et a pour limite simple la fonction définie par : $t \mapsto \frac{\partial f}{\partial x}(x,t)$. On a donc bien la conclusion $\lim_{n\to\infty} \frac{g(x_n)-g(x)}{x - x_n} = \int_a^b \frac{\partial f}{\partial x}(x,t)dt = g'(x)$.

_ Dans la troisième configuration, nous reprenons les mêmes hypothèses que ci-dessus. Ecrivons alors : $g(x) = \int_a^{x_0} f(x,t)dt + \int_{x_0}^x f(x,t)dt$.

La première intégrale se dérive en x_0 comme on vient de le voir suivant : $\int_a^{x_0} \frac{\partial f}{\partial x}(x_0,t)dt$. Le taux d'accroissement de la deuxième en x_0 est : $\frac{\int_{x_0}^x f(x,t)dt}{x - x_0}$. On termine en faisant jouer la continuité de f en (x_0,x_0) qui nous permet d'encadrer $f(x,t)$ par $f(x_0,x_0)-\varepsilon$ et $f(x_0,x_0)+\varepsilon$ pour (x,t)

assez voisin de (x_0, x_0), donc en fait pour x assez voisin de x_0 vu qu'ici t est compris entre x et x_0. Ceci assure $\lim_{x \to x_0} \frac{\int_{x_0}^{x} f(x,t)dt}{x - x_0} = f(x_0, x_0)$.

2.1.2 Le produit de convolution.

a) Définition et premières propriétés.

Nous considérons ici des fonctions continues sur un intervalle de type $I = [0, b]$ ou $I = [0, b[$ Leur produit de convolution est alors la fonction définie sur ce même intervalle par la formule : $\boxed{f * g(x) = \int_0^x f(t)g(x-t)dt}$.

Si on introduit la fonction $\widetilde{f}$, définie sur R, coïncidant avec f sur I, et nulle en dehors de cet intervalle, l'intégrale en question s'écrit simplement : $f * g(x) = \int_{-\infty}^{+\infty} \widetilde{f}(t)\widetilde{g}(x-t)dt$. Dans toute la suite, pour faciliter la rédaction des formules, nous écrirons abusivement $f(x) * g(x)$, à la place de $(f * g)(x)$.

Remarquons tout d'abord que ce produit de convolution $h = f * g$ est continu en tout point x_0 de I. Etudions d'abord la limite à droite et plaçons x sur un intervalle $[x_0, c]$.

$$h(x) - h(x_0) = \int_0^{x_0} f(t)[g(x-t) - g(x_0 - t)]dt + \int_{x_0}^{x} f(t)g(x-t)dt.$$

La fonction f étant continue sur le compact $[0, c]$, sa valeur absolue y sera bornée par une constante K. Rappelons maintenant le théorème de Heine assurant que toute fonction continue sur un compact y est uniformément continue. On pourra donc obtenir pour un réel $\varepsilon > 0$ donné $|g(x-t) - g(x_0 - t)| < \varepsilon$ pour x suffisamment voisin de x_0 et pour tout t de $[0, x_0]$ puisque $|(x-t) - (x_0 - t)| = |x - x_0|$ et qu'ici $x - t$ et $x_0 - t$ sont éléments du compact $[0, c]$. La première intégrale sera alors majorée en module par $K.c.\varepsilon$.

Pour la deuxième, remarquons que lorsque t décrit $[x_0, x]$, x-t reste élément de $[0, c]$, on pourra donc aussi majorer la valeur absolue de $g(x-t)$ par une constante M ce qui nous donnera $\left|\int_{x_0}^{x} f(t)g(x-t)dt\right| \leq KM(x-x_0)$.

La somme des deux intégrales peut donc en valeur absolue être rendue aussi petite que l'on veut en approchant x suffisamment prés de x_0. Ceci assure la continuité à droite de h en x_0. On effectue facilement une étude analogue pour la limite à gauche. Voyons maintenant les premières règles de calcul.

$g(x)*f(x) = f(x)*g(x)$
$g(x)*(\lambda u(x)+v(x)) = \lambda.g(x)*u(x)+g(x)*v(x)$
$h*(g*f) = (h*g)*f$

_ La première égalité s'obtient en posant dans l'intégrale : $t = x-u$.

_ La deuxième est évidente vu la linéarité de l'opérateur intégral.

_ Pour la formule d'associativité, écrivons d'abord suivant la définition : $h*(g*f)(x) = \int_0^x h(t)\left(\int_0^{x-t} g(u)f(x-t-u)du\right)dt$. Ceci peut être considéré comme l'intégrale double de la fonction de deux variables définie par $(t,u) \mapsto \varphi(t,u) = h(t)g(u)f(x-t-u)$ sur le domaine triangulaire T défini par : $\begin{cases} 0 \leq t \leq x \\ 0 \leq u \leq x-t \end{cases}$. Or vu les hypothèses de continuité, cette intégrale double peut être calculée en échangeant l'ordre des intégrations, ce qui nous donne : $h*(g*f)(x) = \int_0^x\left(\int_0^{x-u} \varphi(t,u)dt\right)du$, qui se développe alors en :

$\int_0^x g(u)\left(\int_0^{x-u} h(t)f(x-t-u)dt\right)du$, où l'on reconnaît : $g*(h*f)(x)$. On a donc établi l'égalité : $h*(g*f) = g*(h*f)$. Vu la commutativité, on peut le traduire encore en : $g*(f*h) = (g*f)*h$, ce qui est l'expression de l'associativité.

b) Exemples de produits.

_ Convolution de puissances.

$x^a * x^b = \int_0^x t^a (x-t)^b dt = \int_0^1 (xu)^a (x-xu)^b x du$. On a donc par linéarité : $x^a * x^b = x^{a+b+1} \int_0^1 u^a (1-u)^b du$. La constante multiplicative est une classique intégrale Eulérienne de seconde espèce qui s'évalue à l'aide de la fonction Gamma sous la forme : $\int_0^1 u^a (1-u)^b du = \dfrac{\Gamma(a+1)\Gamma(b+1)}{\Gamma(a+b+2)}$.

On en déduit la forme plus symétrique : $\boxed{\dfrac{x^a}{\Gamma(a+1)} * \dfrac{x^b}{\Gamma(b+1)} = \dfrac{x^{a+b+1}}{\Gamma(a+b+2)}}$

Si a et b sont entiers cela se simplifie en : $\dfrac{x^a}{a!} * \dfrac{x^b}{b!} = \dfrac{x^{a+b+1}}{(a+b+1)!}$

_ Convolution d'exponentielles.

$$e^{ax} * e^{bx} = \int_0^x e^{at} e^{b(x-t)} dt = e^{bx} \int_0^x e^{(a-b)t} dt$$

Si $a \neq b$ on obtient : $\boxed{e^{ax} * e^{bx} = \dfrac{e^{ax} - e^{bx}}{a-b}}$, et si $a = b$: $\boxed{e^{ax} * e^{ax} = xe^{ax}}$

2.1.3 Convolution et transformée de Laplace.

La transformée de Laplace d'une fonction *f* est définie par :

$\mathfrak{L}(f(x)) = F(p) = \int_0^{+\infty} f(x) e^{-px} dx$, la fonction f étant supposée continue est majorée en valeur absolue au voisinage de $+\infty$ par une fonction de type $x \mapsto e^{Ax}$. L'intégrale $F(p)$ est alors absolument convergente pour tout complexe p tel que $\text{Re}(p) > A$. Par exemple la transformée de Laplace de e^{ax} est égale à $\dfrac{1}{p-a}$. On définit l'abscisse de convergence de F comme la borne inférieure a des réels α tels que $\int_0^{+\infty} |f(x)| e^{-\alpha x} dx$ converge et on montre facilement par dérivation sous l'intégrale, que F est holomorphe sur le demi plan $\mathrm{Re}(p) > a$ avec : $F'(p) = \int_0^{+\infty} -xf(x)e^{-px}dx = \mathfrak{L}(-xf(x))$.

Un des intérêts du produit de convolution réside dans le fait que la transformée de Laplace d'une convolée est le produit des transformées de Laplace. Voici un schéma classique pour établir cette l'égalité : $\mathfrak{L}(f(x)*g(x)) = \mathfrak{L}(f(x))\times\mathfrak{L}(g(x))$.

_ On commence par la vérifier pour des fonctions élémentaires $f(x) = e^{ax}$, $g(x) = e^{bx}$. D'après notre étude précédente cela revient à vérifier que pour $a \neq b$: $\frac{1}{a-b}[\frac{1}{p-a} - \frac{1}{p-b}]$ coïncide avec $\frac{1}{(p-a)(p-b)}$,

et pour $a = b$: $-\left(\frac{1}{p-a}\right)' = \frac{1}{(p-a)^2}$, ceci d'après la formule remarquée plus haut : $\mathfrak{L}(-xf(x)) = \left[\mathfrak{L}(f(x))\right]'$.

_ On l'étend par bilinéarité du produit de convolution aux fonctions f et g du type $P(e^{-x})$, avec P polynôme.

_ Si f et g ont une limite réelle en $+\infty$, on considère $\hat{f}$ définie sur $[0,1]$ par $\hat{f}(X) = f(-\ln(X))$ si $X > 0$ et prolongée en 0 par $\hat{f}(0) = \lim_{x\to+\infty} f(x)$. On procède de même pour g. Le théorème de Stone Weierstrass assure alors l'existence de deux suites polynomiales P_n et Q_n convergent uniformément et respectivement vers $\hat{f}$ et $\hat{g}$ sur $[0, 1]$.

La suite $f_n(x) = P_n(e^{-x})$ converge alors uniformément vers $f(x)$ sur $[0,+\infty[$. Il s'ensuit que $\mathfrak{L}(f(x)) = \lim_{n\to\infty}\mathfrak{L}(f_n(x))$, ceci d'après la majoration $\left|\mathfrak{L}(f(x)) - \mathfrak{L}(f_n(x))\right| \leq \|f - f_n\| \int_0^{+\infty} e^{-\mathrm{Re}(p)x}dx$.

On aura donc $\lim_{n\to\infty}\mathfrak{L}(f_n(x)) = \mathfrak{L}(f(x))$. On procède de même avec g. Maintenant étudions l'écart : $D_n = f(x)*g(x) - f_n(x)*g_n(x)$.

$D_n = \int_0^x (f(t) - f_n(t))g_n(x-t)dt + \int_0^x f(t)(g(x-t) - g_n(x-t)dt$. Vu le fait que f et g sont bornées, on en déduit une majoration du type :

$|D_n| \leq Mx(\|f - f_n\| + \|g - g_n\|)$. Or pour $\operatorname{Re}(p) > 0$ on a $\int_0^{+\infty} xe^{-\operatorname{Re}(p)x}dx < +\infty$.
On en déduit facilement $\lim_{n\to\infty} \mathfrak{L}(f_n(x) * g_n(x)) = \mathfrak{L}(f(x) * g(x))$. L'égalité $\mathfrak{L}(f_n(x) * g_n(x)) = \mathfrak{L}(f_n(x)) \times \mathfrak{L}(g_n(x))$ s'étend donc en passant à la limite, aux fonctions *f* et *g*.

_ Enfin si *f* et *g* n'ont pas de limites réelles à l'infini, on remarque que pour tout $\lambda < 0$ on a l'égalité : $\int_0^{+\infty} f(x)e^{\lambda x}e^{-px}dx = \int_0^{+\infty} f(x)e^{-(p-\lambda)x}dx = F(p-\lambda)$, avec *F* transformée de Laplace de *f*. Vu la majoration de *f* et *g* en module par une exponentielle, on peut donc choisir $\lambda < 0$ de valeur absolue suffisamment grande de façon que $f_1(x) = f(x)e^{\lambda x}$ et $g_1(x) = g(x)e^{\lambda x}$ soient de limite nulle en l'infini.
On en déduit alors (E) : $\mathfrak{L}(f_1(x) * g_1(x)) = \mathfrak{L}(f_1(x)) \times \mathfrak{L}(g_1(x))$.
Or de manière évidente : $f_1(x) * g_1(x) = e^{\lambda x} f(x) * g(x)$.
Si $G = \mathfrak{L}(g(x))$ et $H = \mathfrak{L}(f(x) * g(x))$, l'égalité (E) se traduit donc vu le décalage observé plus haut par : $H(p-\lambda) = F(p-\lambda)G(p-\lambda)$. La transformée de Laplace étant une fonction holomorphe de la variable complexe *p*, on en déduit $H(p) = F(p)G(p)$ pour tout complexe *p* dont la partie réelle est strictement supérieure aux abscisses de convergence de *f*, *g* et $f * g$. Ceci achève la démonstration.

2.1.4 Dérivation d'un produit de convolution.

Nous supposerons ici *f* et *g* de classe C^1 sur leur intervalle de définition. On a alors par dérivation partielle : $\frac{\partial}{\partial x}\big(f(t)g(x-t)\big) = f(t)g'(x-t)$. On peut alors appliquer la troisième formule de dérivation sous l'intégrale mentionnée au début du chapitre, ce qui donne : $(f * g)'(x) = f(x)g(0) + \int_0^x f(t)g'(x-t)dt$.
Il apparaît donc le produit de convolution de f avec la dérivée de g, ce qui nous permet d'écrire : $(f * g)'(x) = f(x)g(0) + f(x) * g'(x)$. Vu la commutativité du produit de convolution on aura donc également la formule plus simple à mémoriser : $\boxed{(f * g)'(x) = f'(x) * g(x) + f(0)g(x)}$

Lorsque f ou g présente une singularité en 0, on veillera à ce que les conditions d'application sont encore vérifiées en étudiant la convergence des intégrales des dérivées. Il arrive alors que la dérivation ne puisse se faire que sur l'une des deux fonctions comme on le verra en fin de chapitre

Attention à ne pas confondre $f(0)g(x)$ avec $f(0)*g(x)$. En effet le produit de convolution de la fonction constante égale à 1 avec une fonction n'est autre que la primitive de cette fonction s'annulant en 0 : $1*f(x)=\int_0^x f(t)dt$.

Le produit de convolution n'admet pas de 'fonction neutre'. A la lumière de la transformée de Laplace, il faudrait que ce soit un élément δ dont la transformée de Laplace est égale à 1. Ceci ne peut se concevoir que dans le cadre de la théorie des distributions, où l'on reconnaît alors en δ l'opérateur de Dirac concentrée en 0, limite au sens des fonctionnelles de la fonction δ_n prenant la valeur n sur $[0,\frac{1}{n}]$, et nulle ailleurs. On a alors $\mathcal{L}(\delta_n)=\dfrac{1-e^{\frac{-p}{n}}}{\frac{p}{n}}$ qui converge bien vers 1 et $\lim\limits_{n\to\infty}(\delta_n*f)(x)=\lim\limits_{n\to\infty} n\int_0^{\frac{1}{n}} f(x-t)dt=f(x)$.

Au sens des distributions on pourra donc écrire : $\delta*f=f$.

2.2 Primitives d'ordre fractionnaire.

2.2.1 Primitives d'ordre entier.

Soit f continue sur un intervalle I du type $I=[0,b]$ ou $I=[0,b[$ et soit n un entier non nul. On se propose d'expliciter une fonction F_n dont la dérivée d'ordre n égale f, et telle que ses dérivées successives jusqu'à l'ordre $n-1$ s'annulent en 0. Pour n=1 on a vu précédemment que la solution s'explicite par : $1*f(x)=\int_0^x f(t)dt$.

Remarquons maintenant que d'après la formule de dérivation d'un produit de convolution , on a pour tout entier n non nul: $\left(\dfrac{x^n}{n!} * f(x)\right)' = \dfrac{x^{n-1}}{(n-1)!} * f(x)$.

Par répétition de cette égalité on en déduit que pour tout $k \in \{1,..,n\}$: $\left(\dfrac{x^n}{n!} * f(x)\right)^{(k)} = \dfrac{x^{n-k}}{(n-k)!} * f(x)$. A terme : $\left(\dfrac{x^n}{n!} * f(x)\right)^{(n)} = 1 * f(x)$, et par suite : $\left(\dfrac{x^n}{n!} * f(x)\right)^{(n+1)} = f(x)$.

Il apparaît donc clairement que la fonction définie par $F_n(x) = \dfrac{x^{n-1}}{(n-1)!} * f(x)$ est solution de notre problème. Sa dérivée d'ordre n est bien f et sa dérivée d'ordre k étant égale à $\dfrac{x^{n-1-k}}{(n-1-k)!} * f(x)$ s'annule bien en 0 pour $k \in \{0,..,n-1\}$. Il est très facile de vérifier que c'est en fait la seule solution. Nous laissons cela au lecteur.

Cette fonction que l'on peut qualifier de 'primitive d'ordre n' de f s'obtient donc par un produit de convolution de $f(x)$ avec $\dfrac{x^{n-1}}{(n-1)!}$.

Remarquons que cela nous permet de faire apparaître naturellement la formule de Taylor dite avec reste intégral.

En effet si f est de classe C^n sur l'intervalle I, la fonction g définie par $g(x) = f(x) - \sum_{k=0}^{k=n-1} \dfrac{f^{(k)}(0)}{k!} x^k$ apparaît comme primitive d'ordre n de la fonction $f^{(n)}$. On a donc l'égalité : $g(x) = \dfrac{x^{n-1}}{(n-1)!} * f^{(n)}(x)$, qui s'explicite sous la forme classique :

$$\boxed{f(x) = \sum_{k=0}^{k=n-1} \frac{f^{(k)}(0)}{k!} x^k + \int_0^x \frac{(x-t)^{n-1}}{(n-1)!} f^{(n)}(t)dt}$$

2.2.2 Intégrale de Riemann Liouville.

Rappelons que la classique fonction Gamma, définie sur $]0,+\infty[$ par $\Gamma(x)=\int_0^{+\infty} t^{x-1}e^{-t}dt$ généralise la notion de factorielle, au sens que pour tout entier n : $\Gamma(n+1)=n!$ et que pour tout $x>0$: $\Gamma(x+1)=x\Gamma(x)$. Elle permet également d'expliciter la transformée de Laplace d'une puissance x^a d'exposant $a>-1$ quelconque par : $\mathcal{L}(x^a)=\dfrac{\Gamma(a+1)}{p^{a+1}}$. Vu notre étude précédente, il est alors naturel de définir la primitive d'ordre $a>0$ de f par la formule :

$$\boxed{I^a f(x)=\frac{x^{a-1}}{\Gamma(a)}*f(x)=\frac{1}{\Gamma(a)}\int_0^x (x-t)^{a-1}f(t)dt}$$

On l'appelle le plus souvent intégrale de Riemann Liouville d'indice a de la fonction f, qui pour $a=n$ entier nous redonne la primitive d'ordre n de f présentée ci-dessus . Remarquons que la condition $a>0$ assure l'absolue convergence de cette intégrale qui n'est en fait plus définie pour des indices a négatifs ou nuls.
Par contre elle prend encore tout son sens sur le demi plan complexe $\mathrm{Re}(a)>0$ où elle devient une fonction holomorphe de la variable a.

Plaçons nous dans le cas où la borne b de l'intervalle de définition de f est infinie et que f est bornée en valeur absolue par une exponentielle. On peut alors travailler avec sa transformée de Laplace $F(p)$.

On a dans ce cas et d'après les résultats établis précédemment :

$$\mathcal{L}\left(\frac{x^{a-1}}{\Gamma(a)}*f(x)\right)=\mathcal{L}\left(\frac{x^{a-1}}{\Gamma(a)}\right)\times F(p)=\frac{F(p)}{p^a}$$

La formule $\boxed{\mathcal{L}(I^a f(x))=\dfrac{F(p)}{p^a}}$ nous suggère alors que la limite de $I^a f(x)$ lorsque a tend vers 0 par valeur strictement positive égale $f(x)$. Vérifions le dans le cas d'un intervalle I quelconque.

$$I^a f(x)=\frac{1}{\Gamma(a)}\int_0^x (x-t)^{a-1}(f(t)-f(x))dt+\frac{f(x)}{\Gamma(a)}\int_0^x (x-t)^{a-1}dt$$

Or $\frac{1}{\Gamma(a)}\int_0^x (x-t)^{a-1}dt = \frac{x^a}{a\Gamma(a)} = \frac{x^a}{\Gamma(a+1)}$, qui tend vers 1 lorsque *a* tend vers 0. Reste à montrer que la première intégrale où apparaît $f(t)-f(x)$ tend vers 0 avec *a*. Pour $\varepsilon > 0$ donné, il existe un demi voisinage $[x-\alpha, x]$ de *x* sur lequel $|f(t)-f(x)| < \varepsilon$, tout simplement par la continuité de *f* en *x*.

On a alors : $\left|\frac{1}{\Gamma(a)}\int_{x-\alpha}^x (x-t)^{a-1}(f(t)-f(x))dt\right| \leq \frac{\varepsilon}{\Gamma(a)} \times \frac{\alpha^a}{a}$. Or on a : $\lim_{a\to 0}\frac{\alpha^a}{\Gamma(a+1)} = 1$ on pourra donc rendre cette première valeur absolue inférieure à 2ε en prenant *a* voisin de 0. Sur l'intervalle restant, $[0, x-\alpha]$, on peut majorer vu la continuité $|(x-t)^{a-1}(f(t)-f(x))|$ par une constante *M*, ce qui donne : $\left|\frac{1}{\Gamma(a)}\int_0^{x-\alpha} (x-t)^{a-1}(f(t)-f(x))dt\right| \leq \frac{M(x-\alpha)}{\Gamma(a)}$.

Puisque $\lim_{a\to 0^+}\Gamma(a) = +\infty$, le majorant précédent pourra donc être aussi rendu plus petit que ε pour *a* suffisamment prés de 0. Tout ceci assure bien $\lim_{a\to 0^+} I^a f(x) = f(x)$. On écrira alors par convention : $I^0 f(x) = f(x)$.

Voyons maintenant quelques règles essentielles de calcul sur ces primitives d'indices positifs quelconques, tirés directement des propriétés du produit de convolution et de la définition $I^a f(x) = \frac{x^{a-1}}{\Gamma(a)} * f(x)$.

_ L'opérateur I^a est linéaire, vu la bilinéarité du produit de convolution.

_ Pour tout *a*, *b* strictement positifs : $\boxed{I^b(I^a f) = I^{b+a} f}$.

Cela vient tout simplement de la formule obtenue plus haut, soit : $\frac{x^a}{\Gamma(a+1)} * \frac{x^b}{\Gamma(b+1)} = \frac{x^{a+b+1}}{\Gamma(a+b+2)}$, et de l'associativité du produit de convolution.

On en déduit :

$$I^b(I^a f)(x) = \left(\frac{x^{b-1}}{\Gamma(b)} * \frac{x^{a-1}}{\Gamma(a)}\right) * f(x) = \frac{x^{b+a-1}}{\Gamma(b+a)} * f(x) = I^{b+a} f(x) \ .$$

Ceci entraîne aussi bien sûr la commutation des opérateurs I^a.

_ Pour $a > n$, avec n entier : $\boxed{\left(I^a f\right)^{(n)} = I^{a-n} f}$.

Cela vient du fait que $\left(\dfrac{x^a}{\Gamma(a+1)}\right)' = \dfrac{x^{a-1}}{\Gamma(a)}$, ceci vu que $\Gamma(a+1) = a\Gamma(a)$.

On a alors $\left(I^a f\right)'(x) = \left(\dfrac{x^{a-1}}{\Gamma(a)} * f(x)\right)' = \dfrac{x^{a-2}}{\Gamma(a-1)} * f(x) = I^{a-1} f(x)$, ceci sous réserve que $a > 1$ pour assurer l'annulation en 0 du terme x^{a-1}. Une nouvelle dérivation donnera :

$\left(I^a f\right)''(x) = \left(\dfrac{x^{a-2}}{\Gamma(a-1)} * f(x)\right)' = \dfrac{x^{a-3}}{\Gamma(a-2)} * f(x) = I^{a-2} f(x)$, avec ici la condition $a > 2$.

On en déduit donc en procédant en cascade jusqu'à l'ordre n : $(I^a f)^{(n)}(x) = \dfrac{x^{a-n-1}}{\Gamma(a-n)} * f(x) = I^{a-n} f(x)$, sous réserve que $a > n$.

Attention, la formule $\left(I^a f\right)^{(n)} = I^a f^{(n)}$ ne sera vraie que si on ajoute les conditions d'annulation en 0 : $f(0) = 0$; $f'(0) = 0$;......; $f^{(n-1)}(0) = 0$.

On a en effet $\left(I^a f\right)'(x) = \left(f(x) * \dfrac{x^{a-1}}{\Gamma(a)}\right)' = f'(x) * \dfrac{x^{a-1}}{\Gamma(a)} + f(0)\dfrac{x^{a-1}}{\Gamma(a)}$.

Sans ces contraintes la formule de dérivation s'écrit :

$$\left(I^a f\right)^{(n)}(x) = I^a f^{(n)}(x) + \sum_{k=0}^{k=n-1} \frac{f^{(k)}(0) x^{a-n+k}}{\Gamma(a-n+k+1)}$$

2.2.3 Dérivées d'indice quelconque.

On a remarqué plus haut le caractère holomorphe de la fonction $a \mapsto I^a f(x)$, sur le demi plan $\mathrm{Re}(a) > 0$. A ce titre, on peut espérer la prolonger analytiquement et étendre ainsi la définition à des indices quelconques. Prenons par exemple le cas d'un réel a strictement négatif, mais n'appartenant pas à $\mathbb{Z}$. Une des méthodes consiste à utiliser la partie entière de a, donc à placer a dans un intervalle $]-q, -q+1[$, avec q entier non nul. On pose alors par définition : $I^a f = I^{a+q}(f^{(q)})$.

Ceci a bien un sens car on a maintenant $a+q>0$ et nous donne l'écriture intégrale : $\boxed{I^a f(x) = \frac{1}{\Gamma(a+q)} \int_0^x (x-t)^{a+q-1} f^{(q)} dt}$.

Elle nécessite bien sûr que f soit au moins de classe C^q sur l'intervalle en question. Si on reprend l'étude limite de $I^a f(x)$ en 0 effectuée plus haut, on s'aperçoit que $I^a f(x)$ tend en fait vers la dérivée $f^{(q)}(x)$ lorsque a tend vers sa partie entière $-q$ par valeurs supérieures. D'où également l'extension de la notation : $I^{-q} f(x) = f^{(q)}(x)$.

Toujours dans le cas où $b = +\infty$, calculons la transformée de Laplace de $I^a f(x)$. Il est classique et facile à vérifier que si $F(p) = \mathfrak{L}(f(x))$, la transformée de $f'(x)$ si définie est : $\mathfrak{L}(f'(x)) = pF(p) - f(0)$. On en déduit par itérations et sous réserve de régularités à chaque pas: $G(p) = \mathfrak{L}(f^{(q)}(x)) = p^q F(p) - \sum_{k=0}^{k=q-1} f^{(k)}(0) p^{q-1-k}$.

Or on a vu plus haut que la transformée de la primitive d'indice a d'une fonction s'obtient en divisant par p^a la transformée de la fonction en question. On en déduit donc, vu que $I^a f = I^{a+q}(f^{(q)})$, la formule $\mathfrak{L}(I^a f(x)) = \frac{G(p)}{p^{a+q}} = \frac{F(p)}{p^a} - \sum_{k=0}^{k=q-1} \frac{f^{(k)}(0)}{p^{a+k+1}}$.

Si on note $-q=[a]$ la partie entière de a, on obtient la formule générale valable pour tout réel a : $\boxed{\mathfrak{L}(I^a f(x))=\dfrac{F(p)}{p^a}-\sum_{k=0}^{k=-[a]-1}\dfrac{f^{(k)}(0)}{p^{a+k+1}}}$

(Avec la convention classique qu'une somme indexée sur un ensemble vide est nulle.)

Montrons maintenant que I^a apparaît comme l'inverse à gauche de l'opérateur I^{-a}. On a par définition même : $I^a(I^{-a}f)=I^{a+q}\left((I^{-a}f)^{(q)}\right)$. Or on a vu plus haut la propriété : Pour $a>n$, avec n entier : $\left(I^a f\right)^{(n)}=I^{a-n}f$.

Appliquons là ici avec $a\leftarrow -a$ et $n=q-1$. Nous pouvons l'utiliser car l'encadrement $-q<a<-q+1$ assure : $-a>q-1$.

On aura donc : $(I^{-a}f)^{(q-1)}(x)=I^{-a-q+1}f(x)=\dfrac{x^{-a-q}}{\Gamma(-a-q+1)}*f(x)$

Une nouvelle dérivation nous donne :

$(I^{-a}f)^{(q)}(x)=I^{-a-q+1}f'(x)+\dfrac{x^{-a-q}}{\Gamma(-a-q+1)}f(0)$. On joue ici sur la commutation du produit de convolution car x^{-a-q} ne s'annule plus en 0. Nous en sommes donc à : $I^a(I^{-a}f)(x)=I^{a+q}\left((I^{-a-q+1}f'(x)+\dfrac{x^{-a-q}}{\Gamma(-a-q+1)}f(0)\right)$.

Par linéarité et vu que $a+q$ et $-a-q+1$ sont positifs, il vient : $I^a(I^{-a}f)(x)=I^1(f'(x))+f(0)I^{a+q}\left(\dfrac{x^{-a-q}}{\Gamma(-a-q+1)}\right)$. Or on a de manière évidente: $I^1(f'(x))=\dfrac{1}{\Gamma(1)}\int_0^x f'(t)dt=f(x)-f(0)$.

Il nous reste à examiner pour $0<\alpha<1$, $I^\alpha(x^{-\alpha})$, avec ici $\alpha=a+q$. Par définition, on a $I^\alpha(x^{-\alpha})=\dfrac{1}{\Gamma(\alpha)}\int_0^x(x-t)^{\alpha-1}t^{-\alpha}dt$. Le changement de t en tx nous donne $I^\alpha(x^{-\alpha})=\dfrac{1}{\Gamma(\alpha)}\int_0^1(1-t)^{\alpha-1}t^{-\alpha}dt$.

On reconnaît une intégrale Eulérienne classique de deuxième espèce : $\int_0^1 (1-t)^{\alpha-1} t^{-\alpha} dt = B(\alpha, -\alpha+1) = \frac{\Gamma(\alpha)\Gamma(1-\alpha)}{\Gamma(1)}$. On en déduit pour $\alpha = a+q$: $I^{a+q}\left(\frac{x^{-a-q}}{\Gamma(-a-q+1)}\right) = \frac{\Gamma(1-a-q)}{\Gamma(-a-q+1)} = 1$.

On a donc au final : $I^a(I^{-a}f)(x) = f(x) - f(0) + f(0) = f(x)$.

La relation $I^a(I^{-a}f) = f$ montre que l'opérateur d'indice a négatif agît en quelque sorte comme un opérateur de dérivation d'indice $-a$, symétrique de l'opérateur primitive d'ordre $-a$. On posera donc $D^{-a}f = I^a f$.

La condition d'inverse à droite n'est bien sûr pas réalisée. En effet les définitions nous donnent : $I^{-a}(I^a f) = I^{-a}(I^{a+q} f^{(q)})$. Or $-a$ et $a+q$ sont strictement positifs, ce qui nous donne $I^{-a} \circ I^{a+q} = I^q$ et par suite $I^{-a}(I^a f)(x) = I^q(f^{(q)}(x))$. Or on a vu précédemment la relation $I^q(f^{(q)}(x)) = \frac{x^{q-1}}{\Gamma(q)} * f^{(q)}(x) = f(x) - \sum_{k=0}^{k=q-1} \frac{f^{(k)}(0)}{k!} x^k$.

On aura donc l'égalité $I^{-a}(I^a f) = f$ seulement si f et ses $q-1$ premières dérivées successives s'annulent en 0. Cette présentation terminée, voyons quelques exemples d'intervention des différentes notions développées : convolution, transformée de Laplace, intégrale de Riemann Liouville.

2.3 Applications de la convolution.

2.3.1 Equation différentielle d'ordre 2.

On considère ici une équation différentielle linéaire du second ordre à coefficients constants, du type (E) : $\boxed{ay'' + by' + cy = g(x)}$

On rappelle que lorsque $g(x) = 0$, les solutions à valeurs complexes de l'équation dite sans second membre forment un $\mathbb{C}$ espace de dimension 2. On obtient une base simple (φ_1, φ_2) en considérant les racines (α_1, α_2) de l'équation dite caractéristique : $aX^2 + bX + c = 0$.

On a plus précisément :

_ Si $\alpha_1 \neq \alpha_2$ $\varphi_1(x) = e^{\alpha_1 x}$ $\varphi_2(x) = e^{\alpha_2 x}$

_ Si $\alpha_1 = \alpha_2$ $\varphi_1(x) = e^{\alpha_1 x}$ $\varphi_2(x) = xe^{\alpha_1 x}$

Voici une méthode rapide, utilisant le produit de convolution, conduisant à une solution particulière de l'équation (E) . Notons φ une des solutions de l'équation sans second membre et cherchons une solution de (E) du type $y = \varphi * z$, avec z de classe C^2 sur l'intervalle de définition I de g supposé ici contenir 0. On en déduit les dérivées successives :
$y' = \varphi' * z + \varphi(0)z$; $y'' = \varphi'' * z + \varphi'(0)z + \varphi(0)z'$. Ainsi, la fonction y sera solution de (E) si et seulement si :
$(a\varphi'' + b\varphi' + c\varphi) * z + (a\varphi'(0) + b\varphi(0))z + a\varphi(0)z' = g(x)$
Or par choix même de φ , on a : $a\varphi'' + b\varphi' + c\varphi = 0$. Si on lui impose de plus les conditions $\varphi(0) = 0$ et $\varphi'(0) = 1$, ce qui est toujours possible vu la structure de plan des solutions de l'équation sans second membre, l'équation se résume à : $az = g(x)$, soit à $z = \frac{1}{a} g(x)$.

Ceci nous donne $y = \frac{1}{a} \varphi * g$, soit $\boxed{y(x) = \frac{1}{a} \int_0^x g(t)\varphi(x-t)dt}$.

On remarquera que c'est la seule solution de (E) satisfaisant aux conditions $y(0) = y'(0) = 0$.
Par exemple les solutions générales de $y'' + y = g(x)$ seront explicitées par :

$y = \int_0^x g(t)\sin(x-t)dt + A\sin(x) + B\cos(x)$; (A, B constantes quelconques)

Pour $y'' - 3y' + 2y = g(x)$ on prendra $\varphi(x) = e^{2x} - e^x$, et on aura :

$y = \int_0^x g(t)[e^{2(x-t)} - e^{(x-t)}]dt + Ae^x + Be^x$.

Lorsque 0 ne fait pas partie de l'intervalle I, on adapte bien sûr la méthode en définissant le produit de convolution avec un autre point origine.

Il existe d'autres méthodes classiques pour résoudre l'équation générale (E). En voici une utilisant la transformée de Laplace et où on peut faire le parallèle avec la méthode ci dessus :

On note ici $F(p) = \mathcal{L}(y)$ la transformée d'une solution y et $G(p)$ celle de g. On a alors $\mathcal{L}(y') = pF(p) - y(0)$ et $\mathcal{L}(y'') = p^2F(p) - py(0) - y'(0)$.

Le bilan en termes de transformées de l'équation (E) est donc : $(ap^2 + bp + c)F(p) - ay(0)p - (ay'(0) + by(0)) = G(p)$, ce qui nous donne :

$$F(p) = \frac{ay(0)p + ay'(0) + by(0)}{ap^2 + bp + c} + \frac{G(p)}{ap^2 + bp + c}.$$

La première fraction, correspondant à $G(p) = 0$ a pour antécédent une solution de l'équation sans second membre. La seconde fraction, obtenue pour $y(0) = y'(0) = 0$ a pour antécédent la seule solution de (E) satisfaisant à ces contraintes. Cet antécédent, dont la transformée de Laplace est le produit $G(p) \times \dfrac{1}{ap^2 + bp + c}$ sera le produit de convolution de g avec l'antécédent de $\dfrac{1}{ap^2 + bp + c}$. Or celui-ci est simple à expliciter en décomposant la fraction en éléments simples.

_ Si les deux racines (α_1, α_2) de l'équation caractéristique sont distinctes : $\dfrac{1}{ap^2 + bp + c} = \dfrac{1}{a(\alpha_2 - \alpha_1)}\left[\dfrac{1}{p - \alpha_2} - \dfrac{1}{p - \alpha_1}\right]$, ce qui nous donne un antécédent égal à $\dfrac{1}{a}\varphi(x)$ avec $\varphi(x) = \dfrac{1}{\alpha_2 - \alpha_1}[e^{\alpha_2 x} - e^{\alpha_1 x}]$.

On remarquera que φ est ici la solution de l'équation sans second membre satisfaisant à $\varphi(0) = 0$ et $\varphi'(0) = 1$, solution utilisée dans la méthode précédente.

_ Si $\alpha_1 = \alpha_2$, on a $\dfrac{1}{ap^2 + bp + c} = \dfrac{1}{a(p - \alpha_1)^2} = \dfrac{-1}{a} \times \dfrac{d}{dp}\left(\dfrac{1}{p - \alpha_1}\right)$, qui aura donc pour antécédent par Laplace $\dfrac{1}{a}\varphi(x)$ avec ici : $\varphi(x) = xe^{\alpha_1 x}$. On remarque qu'ici aussi on a les conditions $\varphi(0) = 0$ et $\varphi'(0) = 1$.

Voici deux autres méthodes classiques.

_ La méthode de Lagrange.

On cherche une solution du type $y = C_1\varphi_1 + C_2\varphi_2$ avec (φ_1 , φ_2) base de l'équation sans second membre et C_1 , C_2 fonctions de classe C^2 sur l'intervalle d'étude *I*. Une première dérivation donne facilement : $y' = C_1.\varphi_1' + C_2.\varphi_2' + C_1'.\varphi_1 + C_2'.\varphi_2$ et on impose alors $\boxed{C_1'.\varphi_1 + C_2'.\varphi_2 = 0}$

Sous cette hypothèse : $y'' = C_1.\varphi_1'' + C_2.\varphi_2'' + C_1'.\varphi_1' + C_2'.\varphi_2'$.

La résolution de l'équation (E) se résume ainsi à : $a(C_1'.\varphi_1' + C_2'.\varphi_2') = g(x)$, car (φ_1 , φ_2) vérifient $ay'' + by' + cy = 0$.

Nous obtenons donc le système : $\begin{cases} C_1'.\varphi_1 + C_2'.\varphi_2 = 0 \\ C_1'.\varphi_1' + C_2'.\varphi_2' = \dfrac{g(x)}{a} \end{cases}$.

On explicite facilement les dérivées de C_1 , C_2 et on termine par intégration.

_ La méthode d'abaissement du degré.

On cherche une solution du type $y = \varphi \times z$ avec φ solution de l'équation sans second membre.

L'équation (E) se traduit alors : $(2a\varphi'(x) + b\varphi(x))z' + a\varphi(x)z'' = g(x)$, équation linéaire du premier ordre d'inconnue $u = z'$. On la résout de manière classique et on termine là aussi par intégration.

2.3.2 L'équation d'Abel.

Sous sa forme la plus élémentaire elle s'écrit $\boxed{\int_0^x \dfrac{f(t)dt}{(x-t)^\alpha} = g(x)}$ avec g fonction donnée, de classe C^1 sur un intervalle *I* contenant 0, et α un paramètre réel strictement compris entre 0 et 1. On se propose d'expliciter une solution *f*. La convolution donne ici une réponse rapide. En effet l'équation se présente sous la forme : $x^{-\alpha} * f(x) = g(x)$.

Analysons les conséquences de cette égalité. Le produit par $x^{\alpha-1}$ est possible, puisque $0 < \alpha < 1$. On en déduit par associativité du produit de convolution : $(x^{\alpha-1} * x^{-\alpha}) * f(x) = x^{\alpha-1} * g(x)$. Rappelons la formule de convolution de puissances : $\frac{x^a}{\Gamma(a+1)} * \frac{x^b}{\Gamma(b+1)} = \frac{x^{a+b+1}}{\Gamma(a+b+2)}$. Elle nous donne ici : $x^{\alpha-1} * x^{-\alpha} = \frac{\Gamma(\alpha)\Gamma(1-\alpha)}{\Gamma(1)} x^0$.

La formule des compléments relative à la fonction Gamma nous dit que pour x élément de $]\,0,1\,[$ on a $\Gamma(x)\Gamma(1-x) = \frac{\pi}{\sin(\pi x)}$, ce qui nous donne ici $x^{\alpha-1} * x^{-\alpha} = \frac{\pi}{\sin(\pi\alpha)}$, et par suite : $(1) * f(x) = \frac{\sin(\pi\alpha)}{\pi} \times (x^{\alpha-1} * g(x))$.

En dérivant cette égalité il vient alors :

$f(x) = \frac{\sin(\pi\alpha)}{\pi} \times (x^{\alpha-1} * g'(x) + g(0)x^{\alpha-1})$. Il reste à montrer qu'elle satisfait effectivement à l'équation d'Abel initiale. Vérifions le.

$x^{-\alpha} * f(x) = \frac{\sin(\pi\alpha)}{\pi} \times (x^{-\alpha} * x^{\alpha-1} * g'(x) + g(0)x^{-\alpha} * x^{\alpha-1})$, soit encore :

$x^{-\alpha} * f(x) = 1 * g'(x) + g(0) = \int_0^x g'(t)dt + g(0) = g(x)$.

La fonction définie par $f(x) = \frac{\sin(\pi\alpha)}{\pi}\left(\int_0^x (x-t)^{\alpha-1} g'(t)dt + g(0)x^{\alpha-1} \right)$ est donc l'unique solution de l'équation d'Abel .

Voici une variante utilisant la transformée de Laplace.

On note $G(p)$ la transformée de g et $F(p)$ celle d'une solution f.

L'égalité de convolution $x^{-\alpha} * f(x) = g(x)$ se traduit avec Laplace par : $\frac{\Gamma(1-\alpha)}{p^{1-\alpha}} \times F(p) = G(p)$. On en déduit :

$\Gamma(1-\alpha)F(p) = \frac{G(p)}{p^{\alpha-1}} = \frac{pG(p)-g(0)}{p^\alpha} + \frac{g(0)}{p^\alpha}$. Or $pG(p)-g(0)$ n'est autre que la transformée de $g'(x)$, et $\frac{1}{p^\alpha}$ celle de $\frac{x^{\alpha-1}}{\Gamma(\alpha)}$.

On obtient donc par transformée inverse :

$$\Gamma(1-\alpha)f(x)=\frac{1}{\Gamma(\alpha)}\left(x^{\alpha-1}*g'(x)+g(0)x^{\alpha-1}\right).$$

Avec $\Gamma(\alpha)\Gamma(1-\alpha)=\dfrac{\pi}{\sin(\pi\alpha)}$ on retrouve bien l'expression précédente.

Les deux méthodes sont bien sûr en miroir car l'associativité du produit de convolution est étroitement liée à la formule fondamentale du produit, soit : $\mathcal{L}(f(x)*g(x))=\mathcal{L}(f(x))\times\mathcal{L}(g(x))$.

Voici pour terminer une méthode utilisant les séries entières. On suppose donc ici que g est de ce type et on cherche une solution de la forme : $f(x)=x^{\beta}z(x)$ avec $z(x)=\sum_{n=0}^{n=\infty}u_n x^n$.

Sous les réserves liées à la commutation des symboles $\sum$ et $\int$, on pourra écrire l'équation d'Abel sous la forme : $g(x)=\sum_{n=0}^{n=\infty}u_n\int_0^x t^{\beta+n}(x-t)^{-\alpha}\,dt$.

Les intégrales apparaissant se ramènent à des intégrales Eulériennes de deuxième espèce, déjà bien mises à contribution précédemment, soit : $\int_0^1 t^{p-1}(1-t)^{q-1}dt=B(p,q)=\dfrac{\Gamma(p)\Gamma(q)}{\Gamma(p+q)}$. On a en effet :

$$\int_0^x t^{\beta+n}(x-t)^{-\alpha}\,dt=\int_0^1 x^{\beta+n}u^{\beta+n}x^{-\alpha}(1-u)^{-\alpha}x\,du=x^{\beta-\alpha+n+1}B(\beta+n+1,1-\alpha)$$

Pour $\beta=\alpha-1$. Il vient : $\int_0^x t^{\beta+n}(x-t)^{-\alpha}\,dt=x^n\dfrac{\Gamma(n+\alpha)\Gamma(1-\alpha)}{n!}$

Or on obtient facilement $\dfrac{\Gamma(n+\alpha)\Gamma(1-\alpha)}{n!}=\dfrac{\pi}{\sin(\alpha\pi)}\times\dfrac{\prod_{k=0}^{k=n-1}(\alpha+k)}{n!}$, ceci par itération de la formule fondamentale $\Gamma(x+1)=x\Gamma(x)$.

La comparaison avec la série $g(x)=\sum_{n=0}^{n=\infty}\dfrac{g^{(n)}(0)}{n!}$ nous donne les égalités :

$u_n = \dfrac{\sin(\alpha\pi)}{\pi} \times \dfrac{g^{(n)}(0)}{\prod_{k=0}^{k=n-1}(\alpha+k)}$. La solution entière s'explicite donc par

$$f(x) = \frac{\sin(\pi\alpha)}{\pi}\left[\frac{g(0)}{x^{1-\alpha}} + \sum_{n=1}^{n=\infty}\frac{g^{(n)}(0)x^{n+\alpha-1}}{\alpha(\alpha+1)...(\alpha+n-1)}\right]$$

Or un calcul analogue à la décomposition précédente donne :

$\displaystyle\int_0^x \frac{g'(t)}{(x-t)^{1-\alpha}}dt = \sum_{n=1}^{n=\infty}\frac{g^{(n)}(0)}{(n-1)!}\int_0^x t^{n-1}(x-t)^{\alpha-1}dt = \sum_{n=1}^{n=\infty}\frac{g^{(n)}(0)}{(n-1)!}\times x^{n+\alpha-1}B(n,\alpha)$, ce qui s'écrit encore sous la forme : $\displaystyle\sum_{n=1}^{n=\infty}\frac{g^{(n)}(0)x^{n+\alpha-1}}{\alpha(\alpha+1)...(\alpha+n-1)}$. On retrouve donc bien dans f l'expression trouvée dans les deux méthodes précédentes, soit :

$$\boxed{f(x) = \frac{\sin(\pi\alpha)}{\pi}\left(\int_0^x (x-t)^{\alpha-1}g'(t)dt + g(0)x^{\alpha-1}\right)}.$$

2.3.3 Fonctions de Bessel.

Les fonctions de Bessel apparaissent dans la résolution de l'équation différentielle (E) : $x^2y'' + xy' + (x^2 - \nu^2)y = 0$, avec ν paramètre réel.

Il existe plusieurs méthodes de résolution, avec développement en série entière ou représentations intégrales diverses. L'une d'entre elle privilégie la transformée de Laplace et fait apparaître naturellement des solutions rattachées à une convolution. C'est celle que nous allons développer. Voici le schéma, sans entrer dans les détails de calcul. Nous cherchons ici les solutions définies sur $]0,+\infty[$.

_ Un premier changement de fonction $y = x^{-\nu}z$ nous ramène à l'équation différentielle (E_1) : $xz'' + (1-2\nu)z' + xz = 0$.

_ Changeons maintenant de variable en posant $u(x) = z(\sqrt{x})$. La fonction auxiliaire u est alors solution de (E_2) : $4xu'' + 4(1-\nu)u' + u = 0$

_ Utilisons maintenant la transformée de Laplace. Si $\mathcal{L}(u) = F(p)$ on en déduit classiquement les transformées : $\mathcal{L}(u') = pF(p) - u(0)$;

$\mathcal{L}(u'') = p^2F(p) - pu(0) - u'(0)$;
$\mathcal{L}(xu'') = -[\mathcal{L}(u'')]' = -[p^2F'(p) + 2pF(p) - u(0)]$. L'équation ($E_2$) se traduit alors sur les transformées par :

$$4p^2F'(p) + [4(1+\nu)p - 1]F(p) = 4\nu.u(0).$$

_ Si on impose à u l'annulation en 0, on en déduit alors $F(p) = Ce^{A(p)}$ avec C constante quelconque et $A(p) = \int \frac{1-4(1+\nu)p}{4p^2}dp = \frac{-1}{4p} - (1+\nu)\ln(p)$, ce qui nous donne en fait : $F(p) = C.\frac{e^{\frac{-1}{4p}}}{p^{\nu+1}}$.

_ Une transformation usuelle donne : $\mathcal{L}(\frac{\cos(\sqrt{x})}{\sqrt{x}}) = \frac{\sqrt{\pi}e^{\frac{-1}{4p}}}{2\sqrt{p}}$. Le lecteur pourra la vérifier en décomposant $\frac{\cos(\sqrt{x})}{\sqrt{x}}$ en série entière puis en simplifiant sa transformée à l'aide de la formule de duplication, soit : $\Gamma(2x) = \frac{4^x}{2\sqrt{\pi}}\Gamma(x)\Gamma(x+\frac{1}{2})$. On peut aussi travailler avec la définition intégrale $2\int_0^{+\infty}\cos(t)e^{-pt^2}dt$ que l'on sait calculer par une méthode de résidus.

_ En écrivant $F(p) = C\frac{\sqrt{\pi}e^{\frac{-1}{4p}}}{2\sqrt{p}} \times \frac{2}{\sqrt{\pi}p^{\nu+\frac{1}{2}}}$, et puisque $\mathcal{L}\left(\frac{x^{\nu-\frac{1}{2}}}{\Gamma(\nu+\frac{1}{2})}\right) = \frac{1}{p^{\nu+\frac{1}{2}}}$, on en déduit $u(x) = (\frac{2C}{\sqrt{\pi}}) \times \frac{\cos(\sqrt{x})}{\sqrt{x}} * \frac{x^{\nu-\frac{1}{2}}}{\Gamma(\nu+\frac{1}{2})}$, avec bien sûr ici $\nu > -\frac{1}{2}$.

_ La synthèse des changements effectués nous donne alors des solutions de l'équation d'origine (E) type : $y(x) = x^{-\nu}u(x^2)$. La fonction J_ν dite de Bessel de première espèce d'indice ν est obtenue avec la constante $C = 2^{-\nu-1}$

, ce qui donne $J_\nu(x) = \frac{2^{-\nu}}{\sqrt{\pi}} x^{-\nu} \int_0^{x^2} \frac{\cos(\sqrt{t})}{\sqrt{t}} \frac{(x^2-t)^{\nu-\frac{1}{2}}}{\Gamma(\nu+\frac{1}{2})} dt$. Un changement de variable évident nous renvoie à une expression plus classique : $J_\nu(x) = \frac{2(\frac{x}{2})^\nu}{\sqrt{\pi}\Gamma(\nu+\frac{1}{2})} \int_0^1 \cos(tx)(1-t^2)^{\nu-\frac{1}{2}} dt$. Mais revenons à l'égalité : $2^\nu \sqrt{\pi} x^{\frac{\nu}{2}} J_\nu(\sqrt{x}) = \frac{\cos(\sqrt{x})}{\sqrt{x}} * \frac{x^{\nu-\frac{1}{2}}}{\Gamma(\nu+\frac{1}{2})}$. En termes de primitive d'indice fractionnaire elle prend la forme plus élémentaire suivante :

$$\boxed{2^\nu \sqrt{\pi} x^{\frac{\nu}{2}} J_\nu(\sqrt{x}) = I^{\nu+\frac{1}{2}}\left(\frac{\cos(\sqrt{x})}{\sqrt{x}}\right)}.$$

C'est le point de départ de la classique formule dite de Sonine, reliant deux fonctions de Bessel d'indice quelconque. Rappelons nous en effet que $I^b(I^a f) = I^{b+a} f$ pour *a* et *b* strictement positifs.

Appliquons alors l'opérateur $I^{\mu+1}$ à l'identité précédente, pour $\mu > -1$. On obtient $2^\nu \sqrt{\pi} I^{\mu+1}(x^{\frac{\nu}{2}} J_\nu(\sqrt{x})) = I^{\nu+u+1+\frac{1}{2}}\left(\frac{\cos(\sqrt{x})}{\sqrt{x}}\right) = 2^{\nu+\mu+1}\sqrt{\pi} x^{\frac{\nu+\mu+1}{2}} J_{\nu+\mu+1}(\sqrt{x})$.

Ceci se simplifie en : (Pré-Sonine) $I^{\mu+1}(x^{\frac{\nu}{2}} J_\nu(\sqrt{x})) = 2^{\mu+1} x^{\frac{\nu+\mu+1}{2}} J_{\nu+\mu+1}(\sqrt{x})$.

Or $I^{\mu+1}(x^{\frac{\nu}{2}} J_\nu(\sqrt{x})) = \int_0^x t^{\frac{\nu}{2}} J_\nu(\sqrt{t}) \frac{(x-t)^\mu}{\Gamma(\mu+1)} dt$. Avec $t = x\sin^2(\theta)$ on obtient :

$$I^{\mu+1}(x^{\frac{\nu}{2}} J_\nu(\sqrt{x})) = \frac{x^{\frac{\nu}{2}+\mu+1}}{\Gamma(\mu+1)} \int_0^{\frac{\pi}{2}} 2\sin^{\nu+1}(\theta)\cos^{2\mu+1}(\theta) J_\nu(\sqrt{x}\sin(\theta)) d\theta .$$

Enfin en changeant x en x^2 dans (Pré-Sonine) , on obtient $\frac{x^{\nu+2\mu+2}}{\Gamma(\mu+1)}\int_0^{\frac{\pi}{2}} 2\sin^{\nu+1}(\theta)\cos^{2\mu+1}(\theta)J_\nu(x\sin(\theta))d\theta = 2^{\mu+1}x^{\nu+\mu+1}J_{\nu+\mu+1}(x)$, ce qui nous conduit finalement à la formule de Sonine :

$$\boxed{J_{\nu+\mu+1}(x) = \frac{x^{\mu+1}}{2^\mu\Gamma(\mu+1)}\int_0^{\frac{\pi}{2}} \sin^{\nu+1}(\theta)\cos^{2\mu+1}(\theta)J_\nu(x\sin(\theta))d\theta}$$

Pour terminer ce chapitre nous vous proposons un petit divertissement sous forme de problème original et quelques exercices plus classiques.

2.4 <u>Problème 2 et exercices.</u> *Intégrales diverses.*

<u>A) Première partie.</u>

On considère un réel $p > 0$ distinct de 1 et la fonction f de variable complexe z définie par la formule $z \mapsto f(z) = \frac{e^z}{(e^z + p)(z - i\pi)}$.

1. Soit r un réel strictement positif et tel que $r > \ln(p)$. On note R le rectangle du plan complexe dont les sommets sont les points $(-r,0)$; $(r,0)$; $(r, 2i\pi)$; $(-r, 2i\pi)$. Calculer grâce au théorème des résidus l'intégrale de f sur ce rectangle parcouru dans le sens direct.

2. En faisant tendre r vers l'infini établir l'égalité : $\int_{-\infty}^{+\infty} \frac{e^x dx}{(e^x + p)(x^2 + \pi^2)} = \frac{1}{\ln(p)} - \frac{1}{p-1}$.

3. On note $Ln(z)$ la détermination principale du logarithme de z, soit avec la représentation de l'argument choisie dans l'intervalle $]-\pi, \pi[$. Montrer que pour tout complexe z non réel négatif on a l'égalité : $\frac{1}{Ln(z)} - \frac{1}{z-1} = \int_0^{+\infty} \frac{dt}{(t+z)(\ln^2(t) + \pi^2)}$.

4. On considère la série entière $\dfrac{h}{\ln(1+h)}=\sum_{n=0}^{n=\infty}\alpha_n h^n$. Montrer que pour tout entier $n\geq 1$ on a l'égalité : $\alpha_n=(-1)^{n-1}\displaystyle\int_0^{+\infty}\frac{dt}{(t+1)^n(\ln^2(t)+\pi^2)}$.

5. On pose $\rho(x)=\dfrac{1}{\ln^2(\frac{x}{1-x})+\pi^2}$.

Montrer que pour $n\geq 1$ $\alpha_n=(-1)^{n-1}\displaystyle\int_0^1 x^{n-2}\rho(x)dx$.

6. Soit a un réel non nul. Décomposer en série de Fourier la fonction de période 2π, définie sur $[-\pi,\pi[$ par $x\mapsto f(x)=e^{ax}$. En déduire l'égalité suivante : $\displaystyle\sum_{n=1}^{n=\infty}(-1)^n\frac{2a}{a^2+n^2}+\frac{1}{a}=\frac{2\pi}{e^{\pi a}-e^{-\pi a}}$.

7. En mettant à profit la formule de la question 3 pour $z=n^2$, montrer après transformations classiques et vu l'égalité précédente, que : $\displaystyle\sum_{n=2}^{n=\infty}\frac{(-1)^n}{\ln(n)}=\frac{1}{2}+2\pi\int_0^{+\infty}\frac{dx}{\text{sh}(\pi x).[4\ln^2(x)+\pi^2]}$

B) Deuxième partie.

On rappelle la génération des nombres dits de Bernoulli : $\dfrac{x}{e^x-1}=\displaystyle\sum_{n=0}^{n=\infty}\frac{\beta_n}{n!}x^n$.

1. Montrer que pour tout entier $n>1$, $\dfrac{\pi\beta_n}{n!}$ est la partie imaginaire de $\displaystyle\int_{-\infty}^{+\infty}\frac{(-1)^n e^x dx}{(1+e^x)(x-i\pi)^n}$.

2. On considère le polynôme $p_n(t)=\sum_{k=0}^{k=n} S(n,k)(-1)^{k+1}k!(t+1)^{n-k}$, avec $S(n,k)$ nombre de Stirling de deuxième espèce. Montrer que pour tout n : $\frac{\beta_{n+1}}{n+1}=\int_0^{+\infty}\frac{p_n(t)dt}{(1+t)^{n+1}(\ln^2(t)+\pi^2)}$.

3. En déduire que $\frac{\beta_{n+1}}{n+1}=-\sum_{k=1}^{k=n} k!S(n,k)\alpha_{k+1}$.

4. Montrer que le polynôme p_n est étroitement relié au polynôme P_n apparaissant dans le problème n^{0}1 du chapitre précédent.

5. En déduire alors que pour n entier non nul : $\frac{\beta_{n+1}}{n+1}=\int_0^1\frac{[1+(-1)^{n-1}]p_n(t)dt}{(1+t)^{n+1}(\ln^2(t)+\pi^2)}$.

Corrigé.

A) Première partie.

1. La fonction f est holomorphe sur l'ouvert O formé en excluant de $\mathbb{C}$ la valeur $i\pi$ ainsi que les complexes du type $\ln(p)+(2k+1)i\pi$, k décrivant $\mathbb{Z}$. Le rectangle R est inclus dans cet ouvert et les seuls pôles à l'intérieur sont $i\pi$ et $\ln(p)+i\pi$. On en déduit d'après le théorème des résidus : $\int_R f(z)dz=2i\pi[\mathrm{Re}s(f,i\pi)+\mathrm{Re}s(f,\ln(p)+i\pi)]$. Or :

$\mathrm{Re}s(f,i\pi)=\frac{e^{i\pi}}{e^{i\pi}+p}=\frac{1}{1-p}$ et $\mathrm{Re}s(f,\ln(p)+i\pi)=\frac{e^{\ln(p)+i\pi}}{e^{\ln(p)+i\pi}.(\ln(p)+i\pi-i\pi)}$,

soit en simplifiant : $\mathrm{Re}s(f,\ln(p)+i\pi)=\frac{1}{\ln(p)}$. Ainsi on en déduit : $\int_R f(z)dz=2i\pi[\frac{1}{\ln(p)}+\frac{1}{1-p}]$.

2. Le rectangle étant parcouru dans le sens direct, la somme des deux intégrales sur les côtés parallèles à l'axe réel sera : $\int_{-r}^{r}\frac{e^x dx}{(e^x+p)(x-i\pi)}+\int_{r}^{-r}\frac{e^x dx}{(e^x+p)(x+i\pi)}=2i\pi\int_{-r}^{r}\frac{e^x dx}{(e^x+p)(x^2+\pi^2)}$.

Lorsque r tend vers l'infini, cette intégrale converge donc vers $2i\pi\int_{-\infty}^{+\infty}\frac{e^x dx}{(e^x+p)(x^2+\pi^2)}$.

Sur les côtés parallèles à l'axe imaginaire, l'intégration donne :

$$\int_0^{2\pi}\frac{ie^{r+i\theta}d\theta}{(e^{r+i\theta}+p)[r+i(\theta-\pi)]}+\int_{2\pi}^{0}\frac{ie^{-r+i\theta}d\theta}{(e^{-r+i\theta}+p)[-r+i(\theta-\pi)]}.$$

Chacun de ces deux termes tend manifestement vers 0 lorsque r tend vers l'infini. En effet la première est majorée en module pour $r>\pi$ par $\int_0^{2\pi}\frac{e^r d\theta}{(e^r-p)(r-\pi)}=\frac{2\pi e^r}{(e^r-p)(r-\pi)}$, et la deuxième, toujours en module, par $\int_0^{2\pi}\frac{e^{-r} d\theta}{(p-e^{-r})(r-\pi)}=\frac{2\pi e^{-r}}{(p-e^{-r})(r-\pi)}$ si on suppose $r>-\ln(p)$.

La relation de (1) : $\int_R f(z)dz=2i\pi[\frac{1}{\ln(p)}+\frac{1}{1-p}]$ devient donc pour r tendant vers l'infini : $2i\pi\int_{-\infty}^{+\infty}\frac{e^x dx}{(e^x+p)(x^2+\pi^2)}=2i\pi[\frac{1}{\ln(p)}+\frac{1}{1-p}]$, d'où en simplifiant : $\int_{-\infty}^{+\infty}\frac{e^x dx}{(e^x+p)(x^2+\pi^2)}=\frac{1}{\ln(p)}-\frac{1}{p-1}$.

3. Les deux fonctions de variable complexe $z\mapsto\frac{1}{Ln(z)}-\frac{1}{z-1}$ et $z\mapsto\int_{-\infty}^{+\infty}\frac{e^x dx}{(e^x+z)(x^2+\pi^2)}$ sont holomorphes sur l'ouvert U des complexes non réels négatifs. (La première se prolonge par continuité au point 1 en lui attribuant la valeur limite $\frac{1}{2}$). Comme ces deux fonctions coïncident sur l'axe réel positif privé de 1, elles coïncident donc sur U d'après le principe du prolongement analytique.

4. En remplaçant z par $1+h$ dans la relation précédente, et grâce au changement $x=\ln(t)$, on obtient pour h non réel <-1, l'égalité : $\dfrac{1}{Ln(1+h)}-\dfrac{1}{h}=\displaystyle\int_0^{+\infty}\frac{dt}{(t+1+h)(\ln^2(t)+\pi^2)}=g(h)$.

Or $\dfrac{1}{Ln(1+h)}-\dfrac{1}{h}=\dfrac{1}{h}\left(\displaystyle\sum_{n=0}^{n=\infty}\alpha_n h^n-1\right)=\sum_{n=1}^{n=\infty}\alpha_n h^{n-1}$ car on a évidemment $\alpha_0=1$.

On en déduit que $\alpha_n=\dfrac{g^{(n-1)}(0)}{(n-1)!}$ pour $n\geq 1$.

Or par dérivation sous l'intégrale on obtient directement l'expression : $g^{(n-1)}(h)=\displaystyle\int_0^{+\infty}\frac{(-1)^{(n-1)}(n-1)!dt}{(t+1+h)^n(\ln^2(t)+\pi^2)}$. Le théorème de dérivation s'applique en effet à cause de la majoration :

$\left|\dfrac{(-1)^{n-1}(n-1)!}{(t+1+h)^n(\ln^2(t)+\pi^2)}\right|\leq\dfrac{(n-1)!}{(t+\frac{1}{2})^n(\ln^2(t)+\pi^2)}$ pour h appartenant au voisinage de 0 : $]-\frac{1}{2},\frac{1}{2}[$, et vu la convergence de l'intégrale de la fonction majorante apparaissant. On a donc en identifiant, et pour tout entier $n\geq 1$:

$$\alpha_n=(-1)^{n-1}\int_0^{+\infty}\frac{dt}{(t+1)^n(\ln^2(t)+\pi^2)}.$$

5. Le changement de variable $t=\dfrac{x}{1-x}$ dans l'intégrale précédente nous donne pour tout entier $n\geq 1$: $\alpha_n=(-1)^{n-1}\displaystyle\int_0^1\frac{\frac{dx}{(1-x)^2}}{(\frac{1}{1-x})^n(\ln^2(\frac{x}{1-x})+\pi^2)}$, soit :

$\alpha_n=(-1)^{n-1}\displaystyle\int_0^1\frac{(1-x)^{n-2}dx}{(\ln^2(\frac{x}{1-x})+\pi^2)}$. En changeant x en $1-x$ cela donne bien

$\alpha_n=(-1)^{n-1}\displaystyle\int_0^1\frac{x^{n-2}dx}{(\ln^2(\frac{x}{1-x})+\pi^2)}$, soit $\alpha_n=(-1)^{n-1}\displaystyle\int_0^1 x^{n-2}\rho(x)dx$.

6. Pour tout entier n, le coefficient de Fourier complexe de la fonction étudiée s'exprime ici par : $c_n = \frac{1}{2\pi}\int_{-\pi}^{\pi} e^{ax}e^{nix}dx = \frac{1}{a+ni}\left[\frac{e^{(a+ni)x}}{2\pi}\right]_{-\pi}^{\pi}$, soit : $c_n = \frac{(-1)^n(e^{a\pi}-e^{-a\pi})}{2\pi(a+ni)}$. D'après le théorème de Dirichlet Jordan on en déduit vu que la fonction $x \mapsto e^{ax}$ est de classe C^1 sur $]-\pi,\pi[$, que sur ce même intervalle : $e^{ax} = \sum_{n=-\infty}^{n=\infty} c_n e^{inx}$. On en déduit en particulier pour $x=0$, l'égalité $1 = c_0 + \sum_{n=1}^{n=\infty}(c_n + c_{-n})$. Or $c_n + c_{-n} = \frac{(e^{a\pi}-e^{-a\pi})}{2\pi}\times\frac{(-1)^n 2a}{a^2+n^2}$, ce qui nous donne l'égalité : $1 = \frac{(e^{a\pi}-e^{-a\pi})}{2\pi}[\frac{1}{a}+\sum_{n=1}^{n=\infty}\frac{(-1)^n 2a}{a^2+n^2}]$ et par suite : $\sum_{n=1}^{n=\infty}(-1)^n\frac{2a}{a^2+n^2}+\frac{1}{a} = \frac{2\pi}{e^{\pi.a}-e^{-\pi.a}}$.

7. Pour $z = n^2$ avec n entier, $n \geq 2$, la formule obtenue dans (3) donne $\frac{1}{2\ln(n)} - \frac{1}{n^2-1} = \int_0^{+\infty}\frac{dt}{(t+n^2)(\ln^2(t)+\pi^2)}$. Puis le changement de variable $t = x^2$ amène naturellement : $\frac{1}{2\ln(n)} - \frac{1}{n^2-1} = \int_0^{+\infty}\frac{2xdx}{(x^2+n^2)(4\ln^2(x)+\pi^2)}$.

Par sommations évidentes :

$$(F_n) : \sum_{k=2}^{k=n}(-1)^k(\frac{1}{2\ln(k)} - \frac{1}{k^2-1}) = \int_0^{+\infty}\left(\sum_{k=2}^{k=n}\frac{(-1)^k 2x}{x^2+k^2}\right)\frac{dx}{(4\ln^2(x)+\pi^2)}.$$

$$\text{Or : } \sum_{k=2}^{k=\infty}\frac{(-1)^k}{k^2-1} = \frac{1}{2}\sum_{k=2}^{k=n}(-1)^k(\frac{1}{k-1}-\frac{1}{k+1}) = \frac{1}{2}\sum_{k=3}^{k=n+1}\frac{(-1)^k}{k} - \frac{1}{2}\sum_{k=1}^{k=n-1}\frac{(-1)^k}{k}.$$

Après simplifications : $\sum_{k=2}^{k=\infty}\frac{(-1)^k}{k^2-1} = \frac{1}{4}+\frac{(-1)^n}{2n}+\frac{(-1)^{n+1}}{2(n+1)}$. Cette série converge donc vers $\frac{1}{4}$ lorsque n tend vers l'infini. Comme la série de terme général

$\frac{(-1)^n}{2\ln(n)}$ converge d'après le critère des séries alternées, on en déduit que $\sum_{k=2}^{k=\infty}(-1)^k(\frac{1}{2\ln(k)}-\frac{1}{k^2-1})=\frac{1}{2}\sum_{n=2}^{n=\infty}\frac{(-1)^n}{\ln(n)}+\frac{1}{4}$.

Maintenant, d'après la question 6, la série alternée de fonctions $S_n(x)=\sum_{k=1}^{k=n}\frac{(-1)^k 2x}{x^2+k^2}$ converge simplement sur $[0,+\infty[$ vers $S(x)=\frac{2\pi}{e^{\pi x}-e^{-\pi x}}-\frac{1}{x}$ (prolongée par continuité en 0 par la valeur 0). Le caractère alterné assure la majoration : $|S(x)-S_n(x)|\leq\frac{2x}{x^2+(n+1)^2}$. On pourra donc écrire : $\left|\int_0^{+\infty}\frac{(S(x)-S_n(x))dx}{4\ln^2(x)+\pi^2}\right|\leq\int_0^{+\infty}\frac{2xdx}{[4\ln^2(x)+\pi^2](x^2+(n+1)^2)}$.

Cette dernière intégrale tend vers 0 par théorème de convergence monotone. On en déduit donc :

$$\int_0^{+\infty}\left(\sum_{k=1}^{k=n}\frac{(-1)^k 2x}{x^2+k^2}\right)\frac{dx}{(4\ln^2(x)+\pi^2)}=\int_0^{+\infty}\frac{S(x)dx}{(4\ln^2(x)+\pi^2)}.$$

Remarquons maintenant la convergence évidente de $\int_0^{+\infty}\frac{dx}{x(4\ln^2(x)+\pi^2)}=\frac{1}{2\pi}\left[\operatorname{Arc}\tan(\frac{2}{\pi}\ln(x))\right]_0^{+\infty}=\frac{1}{2}$. On en déduit par linéarité : $\int_0^{+\infty}\frac{S(x)dx}{(4\ln^2(x)+\pi^2)}=\int_0^{+\infty}\frac{2\pi dx}{(e^{\pi x}-e^{-\pi x})(4\ln^2(x)+\pi^2)}-\frac{1}{2}$.

N'oublions pas maintenant le décalage d'indice :

$$\sum_{k=2}^{k=n}\frac{(-1)^k 2x}{x^2+k^2}=\sum_{k=1}^{k=n}\frac{(-1)^k 2x}{x^2+k^2}+\frac{2x}{x^2+1}.$$

Si on fait la synthèse des résultats ci-dessus, la formule (F_n) donne pour n tendant vers l'infini, l'égalité :

$$\frac{1}{2}\sum_{n=2}^{n=\infty}\frac{(-1)^n}{\ln(n)}-\frac{1}{4}=\int_0^{+\infty}\frac{\pi dx}{\mathrm{sh}(\pi x).[4\ln^2(x)+\pi^2]}+\int_0^{+\infty}\frac{2xdx}{(x^2+1).[4\ln^2(x)+\pi^2]}-\frac{1}{2}.$$

Or $\displaystyle\int_0^{+\infty}\frac{2xdx}{(x^2+1).[4\ln^2(x)+\pi^2]}=\lim_{h\to 1}\left(\frac{1}{2\ln(h)}-\frac{1}{h^2-1}\right)=\frac{1}{2}$

D'où en simplifiant vient l'expression intégrale intéressante d'une série alternée très lentement convergente, soit :

$$\boxed{\sum_{n=2}^{n=\infty}\frac{(-1)^n}{\ln(n)}=\frac{1}{2}+2\pi\int_0^{+\infty}\frac{dx}{\mathrm{sh}(\pi x).[4\ln^2(x)+\pi^2]}}$$

Voici une évaluation par MAPLE :

```
evalf(1/2+2*Pi*int(1/(sinh(Pi*x)*(4*ln(x)*ln(x)+Pi^
2)),x=0..infinity));
 0.9242998974

> evalf(sum((-1)^n/ln(n),n=2..infinity));
 0.9242998972
```

B) Deuxième partie.

1. Dans la formule : $\displaystyle\frac{1}{Ln(z)}-\frac{1}{z-1}=\int_0^{+\infty}\frac{dt}{(t+z)(\ln^2(t)+\pi^2)}$, posons $z=e^u$, avec u réel, et effectuons le changement de variable $t=e^u.x$. On obtient alors : $\displaystyle H(u)=\frac{1}{u}-\frac{1}{e^u-1}=\int_0^{+\infty}\frac{dx}{(1+x)[(\ln(x)+u)^2+\pi^2]}$.

Or $\displaystyle H(u)=-\sum_{k=1}^{k=\infty}\frac{\beta_k}{k!}u^{k-1}$. Cette série entière est donc aussi définie sous forme intégrale par $\displaystyle H(u)=\int_0^{+\infty}\frac{dx}{(1+x)[(\ln(x)+u)^2+\pi^2]}$.

Examinons sa dérivée d'ordre $k-1$ en 0, pour $k\geq 1$

_ De par la décomposition en série : $\frac{H^{(k-1)}(0)}{(k-1)!} = -\frac{\beta_k}{k!}$.

_ Par dérivation sous l'intégrale.

En écrivant $h(u,x) = \frac{1}{(\ln(x)+u)^2+\pi^2} = \frac{1}{2i\pi}[\frac{1}{\ln(x)+u-i\pi} - \frac{1}{\ln(x)+u+i\pi}]$, il vient facilement :

$\frac{\partial^{k-1}h(u,x)}{\partial\, u^{k-1}} = \frac{(-1)^{k-1}(k-1)!}{2i\pi}\left[\frac{1}{(\ln(x)+u-i\pi)^k} - \frac{1}{(\ln(x)+u+i\pi)^k}\right]$. On en déduit : $H^{(k-1)}(0) = \frac{(-1)^{k-1}(k-1)!}{2i\pi}\int_0^{+\infty}[\frac{1}{(\ln(x)-i\pi)^k} - \frac{1}{(\ln(x)+i\pi)^k}]\frac{dx}{(1+x)}$.

On justifiera la dérivation sous l'intégrale en divisant $[0,+\infty[$ en $[0,2]\cup[2,+\infty[$. Sur le premier intervalle compact il n'y a pas de problème vu la continuité des fonctions dérivées intervenant. Sur l'intervalle infini on majore en module la dérivée partielle par rapport à u pour $u > a > -\ln(2)$ par un multiple de $\frac{1}{(1+x)[(\ln(x)+a)^2+\pi^2]^{\frac{k}{2}}}$ d'intégrale convergente sur l'intervalle en question pour $k > 1$.

On obtient donc en comparant les deux calculs, et pour $k>1$: $\frac{\beta_k}{k!} = \frac{(-1)^k}{2i\pi}\int_0^{+\infty}[\frac{1}{(\ln(x)-i\pi)^k} - \frac{1}{(\ln(x)+i\pi)^k}]\frac{dx}{(1+x)}$

En changeant x en e^x, il vient : $\frac{\beta_k}{k!} = \frac{(-1)^k}{\pi}\int_{-\infty}^{+\infty}\mathrm{Im}(\frac{1}{(x-i\pi)^k})\frac{e^x dx}{(1+e^x)}$

2. Reprenons le départ et les notations de la question précédente, soit $\frac{1}{Ln(z)} - \frac{1}{z-1} = \int_0^{+\infty}\frac{dt}{(t+z)(\ln^2(t)+\pi^2)}$, avec $z = e^u$, mais sans changement de variable dans l'intégrale. On obtient simplement : $H(u) = \int_0^{+\infty}\frac{dt}{(t+e^u)(\ln^2(t)+\pi^2)}$.

Dérivons à l'ordre n de la fonction $u \mapsto h(u) = \dfrac{1}{t+e^u}$ en utilisant la composition et les nombres de Stirling : $h^{(n)}(u) = \sum_{k=0}^{k=n} S(n,k) e^{ku} \dfrac{(-1)^k k!}{(t+e^u)^{k+1}}$.

Ainsi, par dérivation sous l'intégrale au point $u = 0$, il vient $H^{(n)}(0) = \int_0^{+\infty} \dfrac{q_n(t)dt}{(t+1)^{n+1}(\ln^2(t)+\pi^2)}$ avec $q_n(t) = \sum_{k=0}^{k=n} S(n,k)(-1)^k k!(t+1)^{n-k}$.

Or vu l'expression de H en série entière, on a $\dfrac{H^{(n)}(0)}{n!} = -\dfrac{\beta_{n+1}}{(n+1)!}$.

D'où par comparaison, et en posant $p_n(t) = -q_n(t)$, il vient naturellement : $\dfrac{\beta_{n+1}}{n+1} = \int_0^{+\infty} \dfrac{p_n(t)dt}{(1+t)^{n+1}(\ln^2(t)+\pi^2)}$.

3. On a vu dans la première partie que $\alpha_n = (-1)^{n-1} \int_0^{+\infty} \dfrac{dt}{(t+1)^n(\ln^2(t)+\pi^2)}$ pour n entier non nul. L'expression des nombres de Bernoulli obtenue ci-dessus se développe alors par linéarité de l'intégrale sous la forme $\dfrac{\beta_{n+1}}{n+1} = \sum_{k=1}^{k=n} S(n,k)(-1)^{k+1} k!(-1)^k \alpha_{k+1}$. (Car $S(n,0) = 0$ pour n non nul). Ce qui se simplifie en : $\dfrac{\beta_{n+1}}{n+1} = -\sum_{k=1}^{k=n} k! S(n,k) \alpha_{k+1}$.

4. On a étudié dans le problème 1 du précédent chapitre, la famille de polynômes : $P_n(X) = X \sum_{k=0}^{k=n} (-1)^k k! S(n,k)(1-X)^{n-k}$.

Or ici nous avons : $p_n(t) = -\sum_{k=0}^{k=n} S(n,k)(-1)^k k!(t+1)^{n-k}$.

D'où la formule : $p_n(t) = \dfrac{-P_n(-t)}{t}$.

5. Ecrivons $\dfrac{\beta_{n+1}}{n+1} = \int_0^1 \dfrac{p_n(t)dt}{(1+t)^{n+1}(\ln^2(t)+\pi^2)} + \int_1^{+\infty} \dfrac{p_n(t)dt}{(1+t)^{n+1}(\ln^2(t)+\pi^2)}$.

Le changement de t en son inverse $\frac{1}{t}$ transforme la deuxième intégrale en

$$\int_1^0 \frac{p_n(\frac{1}{t})\frac{-dt}{t^2}}{(1+\frac{1}{t})^{n+1}(\ln^2(t)+\pi^2)} = \int_0^1 \frac{t^{n-1}p_n(\frac{1}{t})dt}{(t+1)^{n+1}(\ln^2(t)+\pi^2)}.$$

Rappelons maintenant la relation $X^{n+1}P_n(\frac{1}{X}) = P_n(X)$ pour $n \geq 1$, obtenue dans le premier problème. Elle se traduit sur p_n par : $X^{n+1}.\frac{1}{X}p_n(-\frac{1}{X}) = Xp_n(-X)$, ce qui se simplifie avec $t=-X$ en : $(-1)^{n-1}t^{n-1}p_n(\frac{1}{t}) = p_n(t)$. On en déduit donc par recollement des deux intégrales : $\frac{\beta_{n+1}}{n+1} = \int_0^1 \frac{[1+(-1)^{n-1}]p_n(t)dt}{(1+t)^{n+1}(\ln^2(t)+\pi^2)}$.

Intégrales dépendant d'un paramètre.

1. Soit f une fonction de classe C^n sur un intervalle I contenant 0.($n \geq 1$).
On lui associe la fonction g définie sur I par :

Si $x \neq 0$ $g(x) = \frac{f(x)-f(0)}{x}$ et $g(0) = f'(0)$

a) Montrer que pour tout x de I: $g(x) = \int_0^1 f'(xt)dt$. b) Montrer que g est de classe C^{n-1} sur I et préciser les valeurs de ses dérivées successives en 0.

2. On considère la fonction f définie par : $x \mapsto f(x) = \int_0^x \frac{e^t}{\sqrt{x-t}}dt$.

Montrer que f est de classe C^1 sur $]0, +\infty[$.

3. On considère f définie par la formule $x \mapsto f(x) = \int_0^{+\infty} e^{-tx} \ln(t) dt$

a) Montrer que f est dérivable sur $]0, +\infty[$ et est solution de $xy' + y = -\frac{1}{x}$.

b) En déduire qu'il existe une constante γ telle que $\forall\, x > 0$ $f(x) = \frac{-\ln(x) - \gamma}{x}$

4. On considère la fonction définie par : $x \mapsto f(x) = \int_0^{+\infty} e^{-t^2} \cos(tx) dt$

a) Montrer que f est dérivable sur R et vérifie l'équation : $f'(x) = -\frac{x}{2} f(x)$

b) En déduire l'existence d'une constante C telle que sur R : $f(x) = Ce^{-\frac{x^2}{4}}$

5. On considère f définie par la formule : $x \mapsto f(x) = \int_0^{+\infty} \frac{\sin(t)}{t} e^{-tx} dt$

a) Montrer que f est dérivable sur $]0, +\infty[$.

b) Montrer que $\forall x > 0$: $f(x) = \frac{\pi}{2} - \mathrm{Arctan}(x)$

6. On considère la fonction f définie par : $x \mapsto f(x) = \int_1^{+\infty} \frac{\cos(xt)}{t} dt$

Montrer que f est dérivable sur $]0, +\infty[$ et déterminer sa fonction dérivée.

7. On considère la fonction f définie par $x \mapsto f(x) = \int_0^{+\infty} \frac{e^{-(1+t^2)x^2}}{1+t^2} dt$

a) Montrer que f est de classe C^1 sur $]0, +\infty[$

b) Montrer que $\int_0^{+\infty} f'(x) dx = -\frac{\pi}{2} = -2\left(\int_0^{+\infty} e^{-t^2} dt\right)^2$

c) En déduire la valeur de $\int_0^{+\infty} e^{-t^2} dt$

8. On considère la fonction définie par : $x \mapsto f(x) = \int_0^{\frac{\pi}{2}} (\sin(t))^x dt$

a) Montrer que f est décroissante sur $]-1, +\infty[$

b) Exprimer $f(x+2)$ en fonction de $f(x)$.

c) On considère g définie sur $]-1, +\infty[$ par $g(x)=(x+1).f(x).f(x+1)$. Montrer que g est périodique.

9. Etude de la fonction définie par : $x \mapsto f(x) = x\int_1^{+\infty} \frac{e^{-tx}}{1+tx}dt$

a) Calcul de la dérivée. b) $\int_0^{+\infty} f(x)dx$ est elle convergente ?

10. Etude des fonctions définies par les formules :

$f(x) = xe^{\frac{1}{x}}\int_0^1 e^{-\frac{1}{xt}}dt$ et $g(x) = x^{\frac{3}{2}}\int_0^1 \frac{e^{-xt}}{\sqrt{xt}}dt$

11. Etude de la fonction Γ définie sur $]0, +\infty[$ par $\Gamma(x) = \int_0^{\infty} t^{x-1}e^{-t}dt$

a) Dérivabilité. b) Montrer que $\forall x > 0$: $\Gamma(x+1) = x\Gamma(x)$

c) Montrer que pour tout entier $n \geq 1$: $\Gamma(n) = (n-1)!$

12. Etude de la fonction définie sur R par la formule :

$$x \mapsto f(x) = \int_0^{+\infty} \frac{1-\cos(tx)}{t^2}e^{-t}dt$$

a) Montrer que f est de classe C^2 et déterminer $f''(x)$.
b) Expliciter $f(x)$.

13. Etude de la fonction définie par la formule : $x \mapsto f(x) = \int_0^1 \frac{t^x - 1}{\ln(t)}dt$

a) Montrer que f est de classe C^1 sur $]-1, +\infty[$. b) Expliciter $f(x)$.

14. Etude de la fonction définie par : $x \mapsto f(x) = \int_0^{+\infty} \frac{\ln(x^2+t^2)}{1+t^2}dt$

a) Montrer que f est de classe C^1 sur R et expliciter $f'(x)$.

b) Expliciter $f(x)$.

15. Etudier les fonctions définies par les formules suivantes:

$f(x) = \int_0^{+\infty} \ln(1+t^x)dt$ $\quad f(x) = \int_0^{+\infty} \frac{e^{-xt^2}}{1+t^2}dt$ $\quad f(x) = \int_0^{+\infty} \frac{dt}{1+t^x}$

$f(x) = \int_0^{+\infty} \frac{1-e^{-xt^2}}{t^2}dt$

Chapitre 3

VARIATIONS DISCRETES.

3.1 Opérateur des différences premières.

3.1.1 Généralités.

L'opérateur Δ des différences premières transforme une fonction f en la fonction $g = \Delta f$ définie par : $\boxed{g(x) = \Delta f(x) = f(x+1) - f(x)}$.

L'action de Δ n'est bien sûr possible que si la fonction f est définie sur un ensemble stable pour la translation par 1, soit : $x \mapsto t(x) = x+1$. On pourra donc en particulier faire agir Δ sur des suites infinies, ce qui donne simplement : $(\Delta u)_n = u_{n+1} - u_n$.

Remarquons que si on note S l'opérateur 'shift', transformant f en : $x \mapsto f(x+1)$, et si I désigne l'opérateur identique, on peut écrire $\Delta = S - I$.

Δ possède quelques propriétés 'similaires' en un certain sens à celles de la dérivation. Ainsi :

_ Δ est linéaire. (R ou C linéaire suivant la nature des images).

_ $\boxed{\Delta(f \times g) = \Delta(f) \times g + S(f) \times \Delta g}$.

_ $\boxed{\Delta(\frac{1}{f}) = -\frac{\Delta(f)}{f \times S(f)}}$

_ $\Delta f = 0 \Leftrightarrow f$ a pour période 1. Ceci, pour les suites ou les fonctions polynômes, se simplifie en : $\Delta f = 0 \Leftrightarrow f$ constante.

Les vérifications évidentes sont laissées au lecteur. Lorsqu'on fait agir Δ sur l'espace de fonctions polynômes, les ressemblances se resserrent.

Ainsi le degré de ΔP est celui de P diminué de 1. Ceci simplement car pour $n \geq 2$: $(x+1)^n - x^n = nx^{n-1} + Q_n(x)$ avec degré(Q_n)= $n-2$.

On a déjà rencontré dans le chapitre sur les nombres de Stirling les polynômes dits factoriels, définis par $F_0(x) = 1$; $F_1(x) = x$; $F_2(x) = x(x-1)$;... $F_n(x) = \prod_{k=0}^{k=n-1}(x-k)$. Ils satisfont à $\Delta F_n = nF_{n-1}$ et donnent une formule analogue à celle de Taylor pour un polynôme P de degré n, soit : $P(x) = \sum_{k=0}^{k=n} \frac{\Delta^{(k)}P(0)}{k!} F_k(x)$, avec $\Delta^k = \underbrace{\Delta \circ ... \circ \Delta}_{k}$.

Pour les démonstrations, très faciles, on se reportera au chapitre mentionné. Ces polynômes factoriels jouent donc un rôle identique à celui des puissances élémentaires x^n dans le cadre de la dérivation.

3.1.2 Le bord gauche d'une suite numérique.

A toute suite de terme général u_n on associe naturellement la suite $n \mapsto v_n = (\Delta^n(u))_0$, série de nombres analogue à la séquence des dérivées successives en 0, $n \mapsto f^{(n)}(0)$ pour une fonction *f*. On a donc par définition même : $\begin{cases} v_0 = u_0 \\ v_1 = u_1 - u_0 \\ v_2 = u_2 - 2u_1 + u_0 \\ v_3 = u_3 - 3u_2 + 3u_1 - u_0 \end{cases}$

L'apparition des coefficients du binôme s'explique facilement. En effet, comme on l'a remarqué au début on peut écrire : $\Delta^n = (S-I)^n$. La commutation de l'opérateur identique avec tout opérateur nous permet donc de développer la puissance suivant la formule du binôme généralisée à un Anneau quelconque, ici celui des opérateurs. On en déduit :

$\Delta^n = \sum_{k=0}^{k=n} C_n^k (-1)^{n-k} S^k$, ce qui donne : $\boxed{v_n = \sum_{k=0}^{k=n} C_n^k (-1)^{n-k} u_k}$, car $(S^k u)_n = u_{n+k}$.

On peut en fait reconstituer une suite à partir de son bord gauche. Une voie classique est donnée par la théorie des matrices. On considère l'action du shift S sur l'espace des polynômes de degré au plus n, muni de la base canonique $\mathcal{B}=(1,X,....,X^n)$. Vu la formule du binôme, on a facilement : $S(X^k)=\sum_{j=0}^{j=k} C_k^j X^j$. Ainsi la matrice A représentant S dans $\mathcal{B}$ a sa colonne 'd'indice k ' formée des coefficients de la ligne d'indice k du triangle de Pascal, complétée par des zéros. Cette matrice est régulière et son inverse est celle représentant dans $\mathcal{B}$ l'opérateur $S^{-1}: P(X)\mapsto P(X-1)$.

Or toujours d'après le binôme : $S^{-1}(X^k)=(X-1)^k=\sum_{j=0}^{j=k} C_k^j(-1)^{k-j}X^j$.

La colonne d'indice k de A^{-1} est donc formée des coefficients $C_k^j(-1)^{k-j}$, avec j variant entre 0 et k. Ces coefficients sont ceux qui apparaissent dans l'expression du bord gauche d'une suite, mais en ligne. Il nous faut donc faire agir la transposition. Plus précisément, les formules obtenues ci-dessus se traduisent en termes de matrices par l'égalité : $V={}^t(A^{-1})\times U$, en notant U la colonne $\begin{bmatrix} u_0 \\ u_1 \\ . \\ . \\ u_n \end{bmatrix}$ et V la colonne $\begin{bmatrix} v_0 \\ v_1 \\ . \\ . \\ v_n \end{bmatrix}$.

On en déduit, vu que ${}^t(A\ )$ est l'inverse de ${}^t(A^{-1})$, l'égalité $U={}^tA\times V$, qui se traduit sur les coefficients par : $\boxed{u_n=\sum_{j=0}^{j=n} C_n^j v_j}$.

Les réciprocités des deux définitions sont généralement appelées formules d'inversion de Pascal. Voici quelques exemples classiques de bords gauches.

_ Pour $u_n=q^n$, $v_n=(-1)^n\sum_{k=0}^{k=n} C_n^k(-1)^k q^k=(q-1)^n$.

_ Pour $u_n=\dfrac{1}{n+1}$, $v_n=\dfrac{(-1)^n}{n+1}$.

En effet $v_n=(-1)^n\sum_{k=0}^{k=\infty} C_n^k\dfrac{(-1)^k}{k+1}$. Or $\dfrac{1}{k+1}=\int_0^{+\infty} e^{-(k+1)x}dx$, ce qui donne l'expression : $v_n=(-1)^n\int_0^{+\infty} e^{-x}(1-e^{-x})^n dx$.

Le changement $x = -\ln(t)$ nous donne : $v_n = (-1)^n \int_0^1 (1-t)^n dt = \frac{(-1)^n}{n+1}$.

_ Pour $u_n = \frac{x^n}{n!}$, $v_n = (-1)^n L_n(x)$, avec L_n polynôme de Laguerre d'ordre n.
On rappelle en effet que ces polynômes classiques, orthogonaux pour la mesure de densité e^{-x} sur $[0,+\infty[$ sont obtenus par la formule de Rodrigues :
$L_n(x) = \frac{e^x}{n!}\frac{d^n}{dx^n}(x^n e^{-x}) = \sum_{k=0}^{k=n} C_n^k (-1)^k \frac{x^k}{k!}$.

_ Si u_n est une suite de moments relatifs à une densité de probabilité ρ, symétrique sur $[0,1]$ par rapport à $\frac{1}{2}$, alors $\Delta u_n = (-1)^n u_n$. En effet $u_n = \int_0^1 x^n \rho(x)dx = \int_0^1 (1-x)^n \rho(1-x)dx$ Or par hypothèse $\rho(x) = \rho(1-x)$. On a donc encore par la formule du binôme : $u_n = \sum_{k=0}^{k=n} C_n^k (-1)^k \int_0^1 x^k \rho(x)dx$, soit $u_n = \sum_{k=0}^{k=n} C_n^k (-1)^k u_k = (-1)^n \Delta u_n$. La suite $u_n = \frac{1}{n+1} = \int_0^1 x^n dx$ vue plus haut en est un cas particulier.
Le paragraphe suivant va nous révéler une utilisation pratique du bord gauche dans la sommation des séries.

3.1.3 Formule d'Euler pour la transformation de séries.

On considère ici une série entière $f(z) = \sum_{n=0}^{n=\infty} u_n z^n$, de rayon de convergence au moins égal à 1. On suppose dans toute la suite $|z| < 1$. On pose $S_n = \sum_{k=0}^{k=n} u_k z^k$. On a de manière évidente : $f(z) = \lim_{n\to\infty} \frac{S_{n+1} - zS_n}{1-z}$. Examinons le numérateur.

$S_{n+1} - zS_n = \sum_{k=0}^{k=n+1} u_k z^k - \sum_{k=0}^{k=n} u_k z^{k+1} = u_0 + z\sum_{k=0}^{k=n} (u_{k+1} - u_k) z^k$. On peut donc écrire :

$f(z)=\frac{u_0}{1-z}+\frac{z}{1-z}\sum_{n=0}^{n=\infty}(\Delta u)_n z^n$. Si on applique la même transformation à la nouvelle série entière apparaissant ci-dessus, on en déduira :

$$f(z)=\frac{1}{1-z}\left(u_0+(\Delta u)_0(\frac{z}{1-z})\right)+(\frac{z}{1-z})^2\sum_{n=0}^{n=\infty}(\Delta^2 u)_n z^n .$$

Une récurrence évidente donne alors pour tout entier p :

$$f(z)=\frac{1}{1-z}\left(\sum_{k=0}^{k=p}(\Delta^k u)_0(\frac{z}{1-z})^k\right)+(\frac{z}{1-z})^{p+1}\sum_{n=0}^{n=\infty}(\Delta^{p+1}u)_n z^n .$$

De $|\Delta u_n|=|u_{n+1}-u_n|\leq|u_{n+1}|+|u_n|$, on déduit évidemment que si la suite u_n est bornée en valeur absolue par une constante *M*, alors la suite Δu_n sera bornée en valeur absolue par 2*M*. On en déduit de proche en proche que $\Delta^{p+1}u$ sera bornée en valeur absolue par $2^{p+1}M$. Ainsi on aura $\left|\sum_{n=0}^{n=\infty}(\Delta^{p+1}u)_n z^n\right|\leq\frac{2^{p+1}M}{1-|z|}$

et $\left|(\frac{z}{1-z})^{p+1}\sum_{n=0}^{n=\infty}(\Delta^{p+1}u)_n z^n\right|\leq\frac{M}{1-|z|}\times\left|\frac{2z}{1-z}\right|^{p+1}$.

Il y aura donc convergence vers 0 de cette série résiduelle dés que $\left|\frac{2z}{1-z}\right|<1$.

On obtient ainsi la formule dite d'Euler

$$\sum_{n=0}^{n=\infty}u_n z^n = f(z)=\frac{1}{1-z}\sum_{n=0}^{n=\infty}(\Delta^n u)_0(\frac{z}{1-z})^n .$$

On l'écrit plus souvent sous la forme : $\boxed{\sum_{n=0}^{n=\infty}u_n z^{n+1}=\sum_{n=0}^{n=\infty}(\Delta^n u)_0(\frac{z}{1-z})^{n+1}}$.

Pour *z* réel, la condition $\left|\frac{2z}{1-z}\right|<1$ est assurée pour $-1<z<\frac{1}{3}$.

Voyons quelques conséquences dans le cas des exemples signalés plus haut.

_ Pour $u_n=\frac{1}{n+1}$ on obtient $\sum_{n=0}^{n=\infty}\frac{z^{n+1}}{n+1}=-\sum_{n=0}^{n=\infty}\frac{1}{n+1}(\frac{z}{z-1})^{n+1}$. Ceci n'est autre que la traduction sous forme de série de l'égalité fondamentale $Log(1-z)=-Log(\frac{1}{1-z})$.

_ Pour $u_n = \dfrac{x^n}{n!}$, il vient $\sum_{n=0}^{n=\infty} \dfrac{x^n}{n!} z^{n+1} = -\sum_{n=0}^{n=\infty} L_n(x)(\dfrac{z}{z-1})^{n+1}$, ce qui s'écrit encore $ze^{xz} = \dfrac{z}{1-z} \sum_{n=0}^{n=\infty} L_n(x)(\dfrac{z}{z-1})^n$.

En posant $t = \dfrac{z}{z-1}$, il vient : $\boxed{\sum_{n=0}^{n=\infty} t^n L_n(x) = \dfrac{e^{\frac{tx}{t-1}}}{1-t}}$.

On retrouve la fonction génératrice classique des polynômes de Laguerre.

3.1.4 De Faà di Bruno au développement d'Euler.

On va voir que l'identité d'Euler sur les séries évoquée ci-dessus apparaît naturellement comme une application de la formule de Faà di Bruno. Rappelons une étude précédente analysant un cas particulier des dérivées successives de $f \circ \sigma$ lorsque $\sigma(x) = \dfrac{1}{x}$. On a établi dans ce cadre : $\left(f(\dfrac{1}{x})\right)^{(n)} = \dfrac{1}{x^{2n}} \sum_{k=0}^{k=n-1} \alpha_n^k x^k f^{(n-k)}(\dfrac{1}{x})$, avec $\alpha_n^k = (-1)^n k! C_{n-1}^k C_n^k$. (Voir chapitre 1 sur Faà di Bruno).

Considérons maintenant la fonction définie par : $x \mapsto g(x) = f(\dfrac{x}{1-x})$.

Puisque $\dfrac{x}{1-x} = -1 + \dfrac{1}{1-x}$, on peut décomposer $g = f \circ t \circ \sigma \circ \varphi$ avec $x \mapsto t(x) = -1 + x$; $x \mapsto \sigma(x) = \dfrac{1}{x}$; $x \mapsto \varphi(x) = 1 - x$. On en déduit d'abord, φ étant affine : $g^{(n)}(x) = (-1)^n (f \circ t \circ \sigma)^{(n)}(\varphi(x))$. Puis avec l'action de σ :

$(f \circ t \circ \sigma)^{(n)}(\varphi(x)) = \dfrac{1}{\varphi^{2n}(x)} \sum_{k=0}^{k=n-1} \alpha_n^k \varphi^k(x) (f \circ t)^{(n-k)}(\dfrac{1}{\varphi(x)})$.

Enfin, par translation : $(f \circ t)^{(n-k)}(\dfrac{1}{\varphi(x)}) = f^{(n-k)}(-1 + \dfrac{1}{\varphi(x)})$.

La synthèse de ces calculs donne :

$$g^{(n)}(x)=\frac{(-1)^n}{(1-x)^{2n}}\sum_{k=0}^{k=n-1}\alpha_n^k(1-x)^k(f)^{(n-k)}(\frac{x}{1-x}).$$

Appliquons là à une série entière du type $f(x)=\sum_{n=0}^{n=\infty}(\Delta^n u)_0 x^{n+1}$, supposée de rayon de convergence non nul. On a dans ce cas pour tout entier naturel n : $f^{(n+1)}(0)=(n+1)!(\Delta^n u)_0$. On en déduit d'après la formule de composition étudiée ci-dessus, que $g(x)=f(\frac{x}{1-x})$ admet pour dérivée d'ordre $n+1$ en 0 :

$$g^{(n+1)}(0)=(-1)^{n+1}\sum_{k=0}^{k=n}\alpha_{n+1}^k(f)^{(n+1-k)}(0)=(-1)^{n+1}\sum_{k=0}^{k=n}\alpha_{n+1}^k(n+1-k)!(\Delta^{n-k}u)_0.$$

Or $(-1)^{n+1}\alpha_{n+1}^k(n+1-k)!=(-1)^{n+1}(-1)^{n+1}k!C_n^kC_{n+1}^k(n+1-k)!=(n+1)!C_n^k$.

On en déduit d'après la formule d'inversion de Pascal : $g^{(n+1)}(0)=(n+1)!\sum_{k=0}^{k=n}C_n^k(\Delta^{n-k}u)_0=(n+1)!u_n$.

Ainsi : $g(x)=\sum_{n=0}^{n=\infty}u_n x^{n+1}$. Or $g(x)=f(\frac{x}{1-x})=\sum_{n=0}^{n=\infty}(\Delta^n u)_0(\frac{x}{1-x})^{n+1}$.

On retrouve donc bien la formule d'Euler de transformation des séries, soit :

$$\boxed{\sum_{n=0}^{n=\infty}u_n x^{n+1}=\sum_{n=0}^{n=\infty}(\Delta^n u)_0(\frac{x}{1-x})^{n+1}}$$

3.1.5 Dérivées successives et différences itérées.

L'opérateur Δ des différences premières a été défini à l'aide d'un écart standard égal à 1 au niveau de la variable : $\Delta f(x)=f(x+1)-f(x)$, ce qui s'adapte idéalement aux suites numériques. Il est facile de généraliser et d'introduire pour un pas $h>0$ quelconque l'opérateur Δ_h quoi transforme f en g telle que $g(x)=\Delta_h f(x)=f(x+h)-f(x)$. Il s'appliquera à des fonctions dont l'ensemble de définition est stable pour la translation $t_h:x\mapsto x+h$. Si cette condition n'est pas respectée, par exemple si f est définie sur $]a,b[$ on pourra soit prolonger f à l'extérieur de cet intervalle, par exemple en lui donnant la valeur 0, soit définir $g=\Delta_h(f)$ sur $]a,b-h[$, pour $0<h<b-a$. Il est donc possible là aussi d'itérer les

images de cet opérateur, que l'on peut décomposer en $\Delta_h = S_h - I$, avec I opérateur identique et S_h le 'shift de pas h ' défini par : $S_h(f)(x) = f(x+h)$.

La formule du binôme nous donne alors facilement : $\Delta_h^n = \sum_{j=0}^{j=n} C_n^j (-1)^{n-j} (S_h)^j$,

ce qui se traduit par : $(\Delta_h^n f)(x) = \sum_{j=0}^{j=n} C_n^j (-1)^{n-j} f(x+j.h)$.

Cette itération de l'opérateur Δ_h nous permet d'obtenir, pour une fonction de classe C^n sur l'intervalle $]\,a,b\,[$, l'explicitation du nombre dérivé $f^{(n)}(x)$ comme limite ponctuelle d'une expression construite avec la seule fonction f. On va montrer en effet la formule :

$$\boxed{f^{(n)}(x) = \lim_{h\to 0} \frac{(\Delta_h^n f)(x)}{h^n} = \lim_{h\to 0} \frac{\sum_{j=0}^{j=n} C_n^j (-1)^{n-j} f(x+j.h)}{h^n}}.$$

L'explication est simple et repose sur le développement limité d'ordre n de f au voisinage de x, soit : $f(x+H) =_0 \sum_{k=0}^{k=n} \frac{f^{(k)}(x)}{k!} H^k + o(H^n)$. Ce développement appliqué à $H = j.h$ donne pour tout j de $\{\,0,...,n\,\}$: $f(x+j.h) =_0 \sum_{k=0}^{k=n} \frac{f^{(k)}(x)}{k!} j^k.h^k + o(h^n)$. On en déduit par sommation finie : $(\Delta_h^n f)(x) =_0 \sum_{j=0}^{j=n} C_n^j (-1)^{n-j} \left(\sum_{k=0}^{k=n} \frac{f^{(k)}(x)}{k!} j^k.h^k \right) + o(h^n)$.

En réorganisant cette somme, il vient :

$$(\Delta_h^n f)(x) =_0 (-1)^n \sum_{k=0}^{k=n} \left(\sum_{j=0}^{j=n} C_n^j (-1)^j j^k \right) \frac{h^k f^{(k)}(x)}{k!} + o(h^n)$$

Notons $s_k = \sum_{j=0}^{j=n} C_n^j (-1)^j j^k$. On va montrer que ces sommes sont nulles pour $k \in \{\,0,...,n-1\,\}$ et que $s_n = (-1)^n n!$.

Il suffit pour cela de partir du développement élémentaire par le binôme : $(1+t)^n = \sum_{j=0}^{j=n} C_n^j t^j$. Puisque -1 est racine d'ordre n de $(1+t)^n$, elle annulera ce polynôme et ses $n-1$ premières dérivées successives. Or rappelons que $(t^j)^{(k)} = j(j-1)..(j-(k-1))t^{j-k}$, c'est-à-dire $(t^j)^{(k)} = F_k(j)t^{j-k}$ avec $F_k(x) = x(x-1)...(x-(k-1))$ polynôme factoriel d'ordre k.

On peut donc écrire pour tout k de $\{0,...,n-1\}$: $0 = \sum_{j=0}^{j=n} C_n^j F_k(j)(-1)^{j-k}$, ou encore : $0 = \sum_{j=0}^{j=n} C_n^j (-1)^j F_k(j)$.

Or les polynômes factoriels $(F_0,...,F_{n-1})$ forment une base de l'espace des polynômes de degré au plus $n-1$. On en déduit par linéarité évidente, que pour tout polynôme P d'un tel degré : $0 = \sum_{j=0}^{j=n} C_n^j (-1)^j P(j)$.

En particulier, pour $P(x) = x^k$, avec $k \in \{0,...,n-1\}$, il vient aussitôt $0 = \sum_{j=0}^{j=n} C_n^j (-1)^j j^k$, c'est-à-dire $s_k = 0$. Maintenant considérons la dérivée d'ordre n de $(1+t)^n$, constante égale à $n!$, et se décomposant en : $n! = \sum_{j=0}^{j=n} C_n^j F_n(j)(-1)^{n-j}$. En écrivant $F_n(j) = j^n + P(j)$ avec P de degré $n-1$, il vient $n! = (-1)^n \sum_{j=0}^{j=n} C_n^j (-1)^j j^n + (-1)^n \sum_{j=0}^{j=n} C_n^j (-1)^j P(j)$. La deuxième somme étant nulle d'après ce qui précède, on en déduit : $s_n = (-1)^n n!$.

Cette analyse achevée, le développement de $(\Delta_h^n f)(x)$ au voisinage de $h=0$ se simplifie donc en :

$$(\Delta_h^n f)(x) =_0 (-1)^n \sum_{k=0}^{k=n} s_k \frac{h^k f^{(k)}(x)}{k!} + o(h^n) =_0 h^n f^{(n)}(x) + o(h^n).$$

Il est clair maintenant que le quotient de $(\Delta_h^n f)(x)$ par h^n tend vers $f^{(n)}(x)$ lorsque h tend vers 0.

3.1.6 Equation aux différences premières.

On considère ici l'équation $\Delta f = g$, avec g fonction donnée, définie sur $[0,+\infty[$ et f fonction inconnue définie sur le même intervalle. Si la fonction g est décroissante, de limite nulle à l'infini, il existe alors une et une seule solution f croissante sur l'intervalle en question et telle que $f(0)=0$. Voici le schéma classique de la démonstration.

La construction d'une solution possible f s'appuie sur le principe de simplification diagonale. De $f(x+1)-f(x)=g(x)$ on déduit par procédé classique de télescopage que pour tout entier n :

$$f(x+n+1)-f(x)=g(x)+g(x+1)+......+g(x+n).$$

Le problème est que la série des valeurs de g apparaissant n'est pas forcément convergente. On écrit alors pour $x=0$, l'égalité particulière $f(n+1)-f(0)=g(0)+.....+g(n)$. Par soustraction il vient facilement : $f(n+1)-f(x+n+1)-f(0)+f(x)=\sum_{k=0}^{k=n}(g(k)-g(x+k))$.

Si on impose de plus que la solution f admette une limite réelle en l'infini, on en déduit vu la condition $f(0)=0$, et en faisant tendre n vers l'infini, la formule : $f(x)=\sum_{k=0}^{k=\infty}(g(k)-g(x+k))$.

Voici pour l'analyse, étudions maintenant la convergence de la série de fonctions de terme général $u_k(x)=g(k)-g(x+k)$. La condition de décroissance de g va y jouer un rôle essentiel. Elle montre tout d'abord que cette série est à termes positifs. En effet : $g(k)\geq g(x+k)$ puisque $x\geq 0$.

Vu le théorème de convergence monotone il nous suffit donc de montrer que les sommes $S_n(x)=\sum_{k=0}^{k=n}u_k(x)$ sont majorées indépendamment de n pour assurer une limite simple. Or pour x fixé, si on désigne par n_0 la partie entière de x, on aura pour tout entier k l'encadrement évident $n_0+k\leq x+k<n_0+1+k$, d'où $-g(x+k)<-g(n_0+1+k)$ par décroissance de g. Il s'ensuit pour $n\geq n_0$: $S_n(x)\leq\sum_{k=0}^{k=n}[g(k)-g(n_0+1+k)]$.

Or par simplification diagonale, cette dernière somme se résume en fait à : $\sum_{k=0}^{k=n_0} g(k) - \sum_{q=n+1}^{q=n_0+1+n} g(q)$. Comme g est à valeurs positives, (décroissante et de limite nulle à l'infini), on en déduit $S_n(x) \leq \sum_{k=0}^{k=n_0} g(k)$. La somme $f(x) = \sum_{k=0}^{k=\infty} (g(k) - g(x+k))$ est donc bien convergente sur $[0,+\infty[$.

Etudions ses propriétés. La condition $f(0)=0$ est réalisée de manière évidente. De même que la croissance de f car pour $y \geq x \geq 0$ on a pour tout entier k : $g(k) - g(x+k) \leq g(k) - g(y+k)$. On a donc bien par sommation infinie : $f(x) \leq f(y)$. Il nous reste à montrer que f est la seule solution possédant ces deux caractéristiques. Si $\widetilde{f}$ est une autre solution de ce type, on aura : $\Delta(f - \widetilde{f}) = \Delta f - \Delta\widetilde{f} = g - g = 0$. Il s'ensuit que la différence $d = \widetilde{f} - f$ est de période 1. Comme f et $\widetilde{f}$ coïncident en 0, elles prendront alors la même valeur en tout entier.

Soit comme précédemment x fixé et n_0 la partie entière de x. Ecrivons pour n entier quelconque : $d(x) = d(x+n) = \widetilde{f}(x+n) - f(x+n)$. Par croissance de f, on peut écrire d'abord : $f(x+n) \geq f(n_0+n) = \sum_{k=0}^{k=n_0+n-1} g(k)$.

De même par croissance de $\widetilde{f}$, il vient : $\widetilde{f}(x+n) \leq \widetilde{f}(n_0+1+n) = \sum_{k=0}^{k=n_0+n} g(k)$.

Par différence : $\widetilde{f}(x+n) - f(x+n) \leq g(n_0+n)$. En inversant les rôles des deux solutions f et $\widetilde{f}$, on aura donc la majoration pour tout entier n : $\left|\widetilde{f}(x+n) - f(x)\right| \leq g(n_0+n)$, soit : $|d(x)| \leq g(n_0+n)$. Or g est supposée de limite nulle à l'infini. En faisant tendre n vers l'infini on en déduit donc $d(x)=0$ pour x quelconque, d'où $\widetilde{f} = f$.

Avant d'aborder un exemple classique on remarquera que la condition 'g décroissante' peut s'adoucir en la condition plus large ' g décroissante à partir d'un certain réel'. Nous laissons au lecteur le soin de vérifier que le schéma de démonstration ci-dessus s'adapte facilement à cette condition moins restrictive.

3.1.7 Illustration de la méthode et variante.

Nous considérons ici la fonction définie par : $x \mapsto g(x) = \dfrac{1}{\Gamma(x+1)}$. Elle est bien décroissante à partir de $x = 1$ et de limite nulle à l'infini d'après les propriétés classiques de la fonction Gamma. La seule solution croissante sur $[0,+\infty[$ et s'annulant en 0 de : $f(x+1) - f(x) = \dfrac{1}{\Gamma(x+1)}$ est donc définie d'après ce qui précède par : $f(x) = \sum_{k=0}^{k=\infty} \dfrac{1}{\Gamma(k+1)} - \dfrac{1}{\Gamma(x+k+1)}$.

Or ici il y a convergence rapide des deux séries intervenant. Tout d'abord : $\sum_{k=0}^{k=\infty} \dfrac{1}{\Gamma(k+1)} = \sum_{k=0}^{k=\infty} \dfrac{1}{k!} = e$. Maintenant, vu la relation factorielle fondamentale $\Gamma(x+1) = x\Gamma(x)$, il vient par itérations : $\dfrac{1}{\Gamma(x+k+1)} = \dfrac{1}{\Gamma(x)x(x+1)...(x+k)}$.

Ainsi on peut écrire : $f(x) = e - \dfrac{1}{\Gamma(x)} \sum_{k=0}^{k=\infty} \dfrac{1}{x(x+1)....(x+k)}$.

Cette série peut se ramener à une intégrale classique. En effet, par intégration par parties répétées : $\dfrac{1}{x(x+1)...(x+k)} = \displaystyle\int_0^1 \dfrac{t^k (1-t)^{x-1} dt}{k!}$.

On en déduit alors facilement l'expression : $\boxed{f(x) = e - \dfrac{1}{\Gamma(x)} \displaystyle\int_0^1 e^t (1-t)^{x-1} dt}$

Voici maintenant une autre façon d'obtenir cette solution. Elle s'appuie sur une décomposition en polynômes factoriels. Ceux-ci jouent un rôle privilégié que nous avons déjà signalé dans la théorie des différences premières. En effet si $F_n(x) = \prod_{k=0}^{k=n-1} (x-k)$, on a la relation fondamentale : $\Delta F_n = nF_{n-1}$. On peut donc essayer de déterminer une solution en utilisant des décompositions formelles mettant en jeu ces polynômes. Attention, les calculs à suivre sont de type formels, c'est-à-dire nécessitent une vérification de convergence pour leur assurer une réalité. Ils ont cependant le mérite de mettre sur la voie d'une solution effective.

Commençons par écrire que si $f(x)=\sum_{n=0}^{n=\infty} v_n F_n(x)$, alors :

$\Delta f(x)=\sum_{n=0}^{n=\infty}(n+1)v_{n+1}F_n(x)$. Ainsi pour $g(x)=\sum_{n=0}^{n=\infty}u_n F_n(x)$, l'équation $\Delta f = g$ équivaut à l'équilibrage : $(n+1)v_{n+1}=u_n$, soit $v_{n+1}=\dfrac{u_n}{n+1}$, avec $v_0=0$ pour assurer $f(0)=0$. Encore faut il savoir décomposer la fonction donnée g en polynômes factoriels. On peut bien sûr partir d'une décomposition en série entière et passer aux polynômes factoriels en utilisant les nombres de Stirling.

Mais pour la fonction g qui nous intéresse dans l'exemple, cette décomposition apparaît naturellement si on travaille dans l'espace $L^2([0,+\infty[, e^{-x})$, muni du produit scalaire $< f/g >= \int_0^{+\infty} f(t)g(t)e^{-t}dt$.

Dans cet espace complet, une base orthonormée est donnée par les polynômes dits de Laguerre, déjà mentionnés plus haut, définis par : $L_n(x)=\dfrac{e^x}{n!}\dfrac{d^n}{dx^n}(x^n e^{-x})$. La décomposition dans cette base d'une fonction f s'écrit : $f(x)=\sum_{n=0}^{n=\infty}C_n(f)L_n(x)$, avec $C_n(f)=< f(x)/L_n(x)>$ coefficient de Fourier d'ordre *n*. Or des intégrations par parties en cascade donnent facilement : $C_n(f)=\dfrac{(-1)^n}{n!}\int_0^{+\infty}x^n e^{-x}f^{(n)}(x)dx$.

Voyons deux exemples intéressants pour notre étude.

a) Pour $f(x)=x^\alpha$, avec $\alpha > -1$:

$C_n(f)=\dfrac{(-1)^n\alpha(\alpha-1)....(\alpha-(n-1))}{n!}\int_0^{+\infty}x^\alpha e^{-x}dx$. Or $\int_0^{+\infty}x^\alpha e^{-x}dx=\Gamma(\alpha+1)$ par définition même. D'où $C_n(f)=\dfrac{(-1)^n\Gamma(\alpha+1)F_n(\alpha)}{n!}$, ce qui nous donne dans $L^2([0,+\infty[, e^{-x})$: $x^\alpha=\Gamma(\alpha+1).\sum_{n=0}^{n=\infty}\dfrac{(-1)^n F_n(\alpha)}{n!}.L_n(x)$. Pour $x=1$ on en déduit l'écriture formelle : $\dfrac{1}{\Gamma(\alpha+1)}=\sum_{n=0}^{n=\infty}\dfrac{(-1)^n L_n(1)}{n!}.F_n(\alpha)$.

Ceci nous suggère d'après ce qui précède, une solution pour $\Delta f(x) = \dfrac{1}{\Gamma(x+1)}$ du type : $\boxed{f(\alpha) = \sum_{n=0}^{n=\infty} \dfrac{(-1)^n L_n(1)}{(n+1)!} . F_{n+1}(\alpha)}$, car ici $v_{n+1} = \dfrac{u_n}{n+1} = \dfrac{(-1)^n L_n(1)}{n!(n+1)}$. Nous allons voir que c'est la solution obtenue avec la méthode générale du paragraphe précédent. Pour cela calculons les coefficients de Fourier de la fonction suivante :

b) $f(x) = \int_0^{+\infty} \dfrac{e^{-tx} dt}{(t+1)t^{\alpha}}$. Par dérivations successives sous l'intégrale :

$C_n(f) = \dfrac{1}{n!} \int_0^{+\infty} x^n e^{-x} \left(\int_0^{+\infty} \dfrac{t^{n-\alpha} e^{-tx}}{t+1} dt \right) dx$. Soit d'après Fubini, en échangeant l'ordre d'intégration : $C_n(f) = \dfrac{1}{n!} \int_0^{+\infty} \dfrac{t^{n-\alpha}}{t+1} \left(\int_0^{+\infty} x^n e^{-(t+1)x} dx \right) dt$.

Or $\int_0^{+\infty} x^n e^{-(t+1)x} dx = \dfrac{n!}{(t+1)^{n+1}}$, ce qui nous donne : $C_n(f) = \int_0^{+\infty} \dfrac{t^{n-\alpha}}{(t+1)^{n+2}} dt$.

Le changement de variable $x = \dfrac{1}{t+1}$ nous ramène alors à une intégrale Eulérienne classique, soit : $C_n(f) = \int_0^1 x^{\alpha} (1-x)^{n-\alpha} dx = B(\alpha+1, n+1-\alpha)$

Ainsi $C_n(f) = \dfrac{\Gamma(\alpha+1)\Gamma(n+1-\alpha)}{\Gamma(n+2)} = \dfrac{\alpha\Gamma(\alpha)\Gamma(n+1-\alpha)}{(n+1)!}$.

Ici encore une itération de la formule $\Gamma(x+1) = x\Gamma(x)$ conduit à $C_n(f) = \dfrac{\alpha\Gamma(\alpha)\Gamma(1-\alpha)(n-\alpha)(n-1-\alpha)....(n-(n-1)-\alpha)}{(n+1)!}$, soit aussi à: $C_n(f) = \dfrac{(-1)^n \Gamma(\alpha)\Gamma(1-\alpha)}{(n+1)!} . F_{n+1}(\alpha)$. Ceci nous donne donc la décomposition dans $L^2([0,+\infty[, e^{-x})$: $\int_0^{+\infty} \dfrac{e^{-tx} dt}{t^{\alpha}(t+1)} = \Gamma(\alpha)\Gamma(1-\alpha) \sum_{n=0}^{n=\infty} \dfrac{(-1)^n F_{n+1}(\alpha)}{(n+1)!} L_n(x)$

Enfin, pour $x = 1$ on a formellement :

$$\frac{1}{\Gamma(\alpha)\Gamma(1-\alpha)}\int_0^{+\infty}\frac{e^{-t}dt}{t^{\alpha}(t+1)}=\sum_{n=0}^{n=\infty}\frac{(-1)^n L_n(1)}{(n+1)!}.F_{n+1}(\alpha).$$

La comparaison avec l'écriture $f(\alpha)=\sum_{n=0}^{n=\infty}\frac{(-1)^n L_n(1)}{(n+1)!}.F_{n+1}(\alpha)$ obtenue avant le paragraphe b) nous suggère donc la solution sous forme intégrale : $f(x)=\frac{1}{\Gamma(x)\Gamma(1-x)}\int_0^{+\infty}\frac{e^{-t}dt}{t^{x}(t+1)}$

Tout ceci n'est qu'un calcul formel ! Par exemple l'intégrale en question ne converge que pour $0<x<1$. Si on veut l'étendre à $[1,+\infty[$ il nous faut procéder par prolongement analytique. MAPLE nous tire vite d'affaire avec la séquence suivante :

```
> assume(x>0);
> assume(x<1);
> int(exp(-t)/(t^x*(t+1)),t=0..infinity);
```

$$-\mathbf{e}\,\Gamma(x\sim,1)\,\Gamma(-x\sim)\,x\sim$$

Cela nous conduit à considérer : $f(x)=\frac{e\Gamma(x,1)(-x)\Gamma(-x)}{\Gamma(x)\Gamma(1-x)}=\frac{e\Gamma(x,1)}{\Gamma(x)}$ avec par définition classique : $\Gamma(x,1)=\int_1^{+\infty}e^{-t}t^{x-1}dt$. Cela nous donne enfin une fonction bien définie pour $x>0$ par $\boxed{f(x)=e.\frac{\int_1^{+\infty}e^{-t}t^{x-1}dt}{\Gamma(x)}}$, et que l'on peut prolonger par $f(0)=0$. Cette fonction définit en fait une solution de $\Delta f(x)=\frac{1}{\Gamma(x+1)}$ sur R entier comme on peut le voir directement :

$$f(x+1)-f(x)=\frac{e}{\Gamma(x+1)}\left(\int_1^{+\infty}e^{-t}t^{x}dt-x\int_1^{+\infty}e^{-t}t^{x-1}dt\right).$$

Or $\frac{d}{dt}(e^{-t}t^{x})=e^{-t}(xt^{x-1}-t^{x})$. Ainsi on obtient :

$$f(x+1)-f(x)=\frac{e}{\Gamma(x+1)}\times\left[-e^{-t}t^{x}\right]_1^{+\infty}=\frac{1}{\Gamma(x+1)}.$$

Le lecteur vérifiera facilement qu'elle coïncide bien sur $[0,+\infty[$ avec la solution donnée par la méthode générale, soit $f(x)=e-\frac{1}{\Gamma(x)}\int_0^1 e^t(1-t)^{x-1}dt$.

Il pourra aussi montrer, en utilisant l'équation fonctionnelle dont est issue *f*, l'égalité : $\int_0^{+\infty}\frac{dx}{\Gamma(x+1)}=e-\int_0^1 f(x)dx$.

Voici pour finir le graphe de *f*.

```
> f:=x->exp(1)*GAMMA(x,1)/GAMMA(x);
```

$$f:=x\to\frac{\mathrm{e}\,\Gamma(x,1)}{\Gamma(x)}$$

```
>plot(f(x),x=-5..5);
```

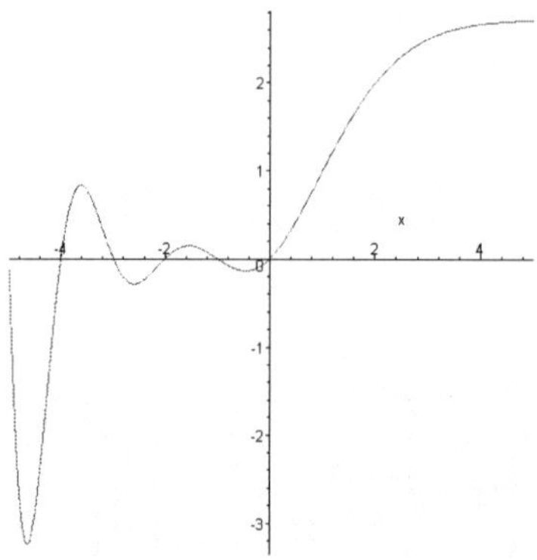

3.1.8 Polynômes orthogonaux d'une variable discrète.

La similitude entre l'opérateur Δ des premières différences et l'opérateur classique de dérivation permet de construire en parallèle une théorie des polynômes orthogonaux relativement à une mesure discrète. Nous l'examinerons ici dans le cadre restreint suivant :

On considère la suite arithmétique $x_n=n+x_0$, et une mesure discrète de densité positive ρ dont le support est l'ensemble de ces termes, soit :

$x_n \mapsto \rho(x_n)$, telle que pour tout entier *m*, la série de terme général $(x_n)^m \rho(x_n)$ soit convergente. Cette dernière contrainte nous permet de définir sur l'espace des polynômes à coefficients réels un produit scalaire explicité par : $< P(x)/Q(x) >= \sum_{k=0}^{k=\infty} P(x_k)Q(x_k)\rho(x_k)$. La théorie classique des espaces de Hilbert nous permet alors de construire un système P_n de polynômes de degré *n*, orthogonaux pour ce produit scalaire, et satisfaisant à une relation de récurrence mettant en jeu trois termes consécutifs. Ce système est unique à un jeu de constantes multiplicatives près que l'on peut ajuster afin d'obtenir une base orthonormée.

Nous allons examiner ici le cas des polynômes dits classiques, où la densité ρ est solution de l'équation aux différences : $\boxed{\Delta(\sigma.\rho) = \tau.\rho}$, dans laquelle σ est un polynôme de degré au plus 2 et τ polynôme de degré au plus 1. On impose également les conditions limites suivantes :

$\forall m \in \mathrm{N} : \lim_{n\to\infty}(x_n)^m \sigma(x_n)\rho(x_n) = 0$, ainsi que $\sigma(x_0) = 0$. On se propose ici de montrer que ces polynômes sont solutions d'une équation paramétrique aux différences d'ordre 2.

L'équation aux différences (1) : $\Delta(\sigma.\rho) = \tau.\rho$, s'explicite sous la forme : $\sigma(x+1)\rho(x+1) = \rho(x)[\sigma(x) + \tau(x)]$

Les calculs utiliseront aussi principalement la formule fondamentale :

$$(2) \quad \Delta(f(x)g(x)) = \Delta(f(x)).g(x) + f(x+1)\Delta(g(x)) \quad .$$

On en déduit facilement par simplification diagonale élémentaire, que pour tout entier *n* :

$$(3) : \qquad f(x_{n+1})g(x_{n+1}) - f(x_0)g(x_0) = \sum_{k=0}^{k=n} \Delta(f(x_k))g(x_k) + \sum_{k=0}^{k=n} f(x_{k+1})\Delta(g(x_k)),$$

ceci tout simplement car ici : $x_{k+1} = x_k + 1$. Si on fait tendre *n* vers l'infini et sous réserve d'existence de limite à l'infini, on aura une identité analogue à une intégration par parties, soit :

$$\sum_{k=0}^{k=\infty} \Delta(f(x_k))g(x_k) = \left[f(x)g(x)\right]_{x_0}^{+\infty} - \sum_{k=0}^{k=\infty} f(x_{k+1})\Delta(g(x_k)).$$

Soit maintenant un entier *n* donné. Pour tout entier $m < n$, le polynôme $x^{m-1}\tau(x)$ est de degré au plus *m* donc est orthogonal à P_n .

Ceci se traduit par l'égalité : $\sum_{k=0}^{k=\infty}(x_k)^{m-1}\tau(x_k)P_n(x_k)\rho(x_k)=0$, et donne d'après l'équation (1), la relation (4) : $\sum_{k=0}^{k=\infty}(x_k)^{m-1}P_n(x_k)\Delta[\sigma(x_k)\rho(x_k)]=0$.

Suivant la formule (2) :

$$\Delta((x_{k-1})^{m-1}\sigma(x_k)\rho(x_k))=\Delta((x_{k-1})^{m-1})\sigma(x_k)\rho(x_k)+(x_k)^{m-1}\Delta[\sigma(x_k)\rho(x_k)].$$

Or $\Delta((x_{k-1})^{m-1})=(x_k)^{m-1}-(x_k-1)^{m-1}$ est de degré $m-2$ en x_k.

Il s'ensuit que $\Delta((x_{k-1})^{m-1})\sigma(x_k)$ est un polynôme de degré au plus m donc est orthogonal à P_n pour le produit scalaire en question, ce qui va se traduire par : $\sum_{k=0}^{k=\infty}\Delta((x_{k-1})^{m-1})\sigma(x_k)P_n(x_k)\rho(x_k)=0$.

La relation (4) se simplifie donc en :

$$(5)\quad \sum_{k=0}^{k=\infty}\Delta[(x_k)^{m-1}\sigma(x_k)\rho(x_k)]P_n(x_k)=0\ .$$

Maintenant, d'après la formule (3) par parties et vu les conditions limites imposées à σ et ρ, l'égalité (5) se transforme en :

$$(6):\ \sum_{k=0}^{k=\infty}(x_k+1)^{m-1}\sigma(x_k+1)\rho(x_k+1)\Delta(P_n(x_k))=0\ .$$

Les polynômes $(x+1)^j$ avec j variant entre 0 et $n-1$ engendrent par combinaisons linéaires tout x^m avec $m\in\{0,...,n-1\}$. La relation (6) ci-dessus valable pour tout $m<n$ conduit alors par linéarité évidente à :

$$(7):\ \sum_{k=0}^{k=\infty}(x_k)^{m}\sigma(x_k+1)\rho(x_k+1)\Delta(P_n(x_k))=0\ ,\ \text{pour tout } m<n-1.$$

On en déduit, toujours par linéarité, que pour $m<n$:

$$(8)\ \sum_{k=0}^{k=\infty}\Delta[(x_k)^{m}]\sigma(x_k+1)\rho(x_k+1)\Delta(P_n(x_k))=0\ .$$ Or d'après (2) :

$$\Delta\big((x_k)^m.\sigma(x_k)\rho(x_k)\Delta(P_n(x_{k-1}))\big)=\Delta\big(\sigma(x_k)\rho(x_k)\Delta(P_n(x_{k-1}))\big)(x_k)^m+\Delta(x_k{}^m).\sigma(x_{k+1})\rho(x_{k+1})\Delta(P_n(x_k))$$

Ainsi (8) s'écrit :

$$\sum_{k=0}^{k=\infty} \Delta\big((x_k)^m.\sigma(x_k)\rho(x_k)\Delta(P_n(x_{k-1})\big) = \sum_{k=0}^{k=\infty} \Delta\big(\sigma(x_k)\rho(x_k)\Delta(P_n(x_{k-1})\big)(x_k)^m$$

Or vu encore les conditions limites imposées à σ et ρ, le premier membre s'annule. On obtient donc : (9) $\sum_{k=0}^{k=\infty} \Delta\big(\sigma(x_k)\rho(x_k)\Delta(P_n(x_{k-1})\big)(x_k)^m = 0$.

La relation fondamentale (2) nous donne :

$\Delta\big(\sigma(x_k)\rho(x_k)\Delta(P_n(x_{k-1})\big) = \Delta(\Delta(P_n(x_{k-1})).\sigma(x_k)\rho(x_k) + \Delta(P_n(x_k)).\Delta(\sigma(x_k)\rho(x_k))$.
Utilisons maintenant $\Delta(\sigma.\rho) = \tau.\rho$, la relation (9) se transforme enfin en :

$$(10) : \sum_{k=0}^{k=\infty} [\Delta(\Delta(P_n(x_{k-1})).\sigma(x_k) + \Delta(P_n(x_k)).\tau(x_k)](x_k)^m \rho(x_k) = 0.$$

Celle-ci peut aussi se traduire en disant que le polynôme $Q_n(x) = \Delta(\Delta(P_n(x-1))\sigma(x) + \Delta(P_n(x)).\tau(x)$ est orthogonal à toute puissance x^m, pour $m < n$. Comme $Q_n(x)$ est de degré au plus *n*, d'après les hypothèses sur σ et ρ, on en déduit que Q_n coïncide avec P_n à un coefficient multiplicatif prés. Ceci nous donne une équation aux différences du deuxième ordre vérifiée par P_n, du type :

$$(10) : \boxed{\Delta(\Delta(P_n(x-1))\sigma(x) + \Delta(P_n(x)).\tau(x) + \lambda_n P_n(x) = 0}$$

3.2 <u>**Problème 3.**</u> *Polynômes orthogonaux.*

On rappelle la définition des polynômes dits d'Hermite, explicités pour tout entier *n* par $H_n(x) = \dfrac{1}{\sqrt{n!}} e^{\frac{x^2}{2}} \dfrac{d^n}{dx^n}\left(e^{\frac{-x^2}{2}}\right)$. Ils forment un système orthonormé pour le produit scalaire $< f / g >= \dfrac{1}{\sqrt{2\pi}} \displaystyle\int_{-\infty}^{+\infty} f(x)g(x)e^{\frac{-x^2}{2}} dx$ et on peut les évaluer de proche en proche grâce à la relation de récurrence : $\forall n \geq 1 :\ xH_n(x) = -\sqrt{n+1}H_{n+1}(x) - \sqrt{n}H_{n-1}(x)$.

On considère aussi l'élément φ de l'espace complet L^2 associé au produit scalaire en question défini par $\varphi = \sum_{n=0}^{n=\infty} \frac{(-1)^{n+1} n!}{\sqrt{(2n+1)!}}.H_{2n+1}$.

1. Pour tout couple d'entiers (n,k) on note $C_n^k(\varphi) = \int_{-\infty}^{+\infty} \varphi(x) x^k H_n(x)\rho(x)dx$.

Montrer que $\forall n \geq 1 \;\; C_n^{k+1}(\varphi) = -\sqrt{n+1}C_{n+1}^k(\varphi) - \sqrt{n}C_{n-1}^k(\varphi)$.

2. Montrer par récurrence sur k qu'il existe une suite double de polynômes $k \mapsto (U_k, V_k)$ telle que :

$$\begin{cases} \forall n \geq k & C_{2n}^{2k}(\varphi) = 0\,; \qquad C_{2n+1}^{2k} = \dfrac{(-1)^{n+k-1} n! V_k(n)}{\sqrt{(2n+1)!}} \\ \forall n \geq k+1 & C_{2n}^{2k+1}(\varphi) = \dfrac{(-1)^{n+k-1} n! U_k(n)}{\sqrt{(2n)!}}\,; \;\; C_{2n+1}^{2k+1}(\varphi) = 0 \end{cases}.$$

3. Montrer que les polynômes U_k peuvent s'évaluer de proche en proche par $U_0(x) = 1$ et :

$$\forall k \geq 0 \;\; U_{k+1}(x) = (4x-2)U_k(x-1) - (4x+1)U_k(x) + (x+1)U_k(x+1).$$

4. Déterminer $\sigma(x) = ax^2 + bx + c$ et $\tau(x) = ux + v$ tels que les U_k satisfasse à l'équation aux différences d'ordre 2 suivante :

$$\sigma(x)\Delta(\Delta(U_k(x-1)) + \tau(x)\Delta(U_k(x)) + \lambda U_k(x) = 0.$$

5. La théorie des polynômes orthogonaux d'une variable discrète nous dit alors que les polynômes U_k sont orthogonaux pour le produit scalaire défini par $< P/Q >= \sum_{n=0}^{n=\infty} P(x_n)Q(x_n)\rho(x_n)$, avec $x_n = x_0 + n$, ρ solution de $\Delta(\sigma.\rho) = \tau.\rho$, sous réserve des conditions limites : pour tout k entier $\sigma(x_n)(x_n)^k\rho(x_n) = 0$ pour n nul et pour n tendant vers l'infini. En déduire que les U_k sont orthogonaux pour le produit scalaire défini par :

$$< P/Q >_\rho = \sum_{n=0}^{n=\infty} P(n+\frac{1}{2})Q(n+\frac{1}{2})\rho(n+\frac{1}{2}) \;\text{ avec }\; \rho(n+\frac{1}{2}) = \frac{(2n+1)!}{(n!)^2 8^{n+\frac{1}{2}}}.$$

6. Montrer que pour tout $n \geq 1$:

$xU_n(x) = U_{n+1}(x) + (3n+2)U_n(x) + n(2n+1)U_{n-1}(x)$.

En déduire que pour tout $n \geq 1$ $\|U_n\|^2 = \dfrac{(2n+1)!}{2^n}$.

7. On note $c_n = < x^n / 1 >_\rho$ le moment d'ordre n de la mesure discrète de poids égal à ρ. Montrer que pour tout entier n : $c_{n+1} = 2c_n + \sum_{j=0}^{j=n-1} C_n^j (-1)^{n-j} [c_j - 2c_{j+1}]$.

8. On considère la fonction f définie par $x \mapsto f(x) = \sqrt{\dfrac{e^x}{2-e^x}}$. Montrer qu'elle satisfait à l'équation différentielle : $e^{-x}(2y'' - y') = y' + y''$.

9. Montrer que pour tout entier n : $c_n = f^{(n+1)}(0)$.

10. Montrer que pour tout entier n : $\Delta V_n(x-1) = nU_{n-1}(x)$. En déduire l'orthogonalité des V_n pour une certaine mesure discrète.

Corrigé.

Plutôt que de donner un corrigé classique nous donnerons ici, conformément aux principes de la collection 'pratiques mathématiques', un exposé expliquant l'origine de ce problème, et le chemin qui a conduit parfois de manière un peu chaotique aux différents résultats énoncés. Le lecteur y trouvera les idées et développements clefs pour répondre aux différentes questions. Il lui restera à éclaircir et simplifier certaines expressions obtenues, ce qui ne présente pas de difficultés théoriques mais nécessite une attention particulière aux calculs.

Sur un couplage étonnant de polynômes orthogonaux.

L'étude porte sur une famille double de polynômes construits de proche en proche à partir des sources $U_0(x) = 1$; $V_0(x) = 1$ suivant le procédé :

$$\begin{cases} V_{n+1}(x) = (2x+1)U_n(x) - (x+1)U_n(x+1) \\ U_{n+1}(x) = 2V_{n+1}(x-1) - V_{n+1}(x) \end{cases}.$$

Ceci nous donne pour les premiers termes :

$V_1 = x$
$U_1 = x - 2$
$V_2 = x^2 - 3x - 1$
$U_2 = x^2 - 7x + 7$
$V_3 = x^3 - 9x^2 + 11x + 6$
$U_3 = x^3 - 15x^2 + 53x - 36$
$V_4 = x^4 - 18x^3 + 77x^2 - 48x - 39$
$U_4 = x^4 - 26x^3 + 197x^2 - 472x + 249$
$V_5 = x^5 - 30x^4 + 265x^3 - 720x^2 + 229x + 300$
$U_5 = x^5 - 40x^4 + 525x^3 - 2690x^2 + 4949x - 2190$

1. Origine de la suite.

Ces polynômes apparaissent dans une étude relative à la mesure de Gauss de densité $x \mapsto \rho(x) = \frac{e^{\frac{-x^2}{2}}}{\sqrt{2\pi}}$ portée sur R entier.

La famille classique de polynômes orthogonaux associée est celle des polynômes d'Hermite obtenus par : $\forall n : \quad H_n(x) = \frac{1}{\sqrt{n!}} e^{\frac{x^2}{2}} \frac{d^n}{dx^n}\left(e^{\frac{-x^2}{2}}\right)$.

On peut les évaluer de proche en proche par $H_0(x) = 1$; $H_1(x) = -x$ et la relation de récurrence : $\boxed{\forall n \geq 1 : \ xH_n(x) = -\sqrt{n+1}H_{n+1}(x) - \sqrt{n}H_{n-1}(x)}$

Nous considérons ensuite la fonction φ dite réductrice de cette mesure, obtenue suivant une définition analogue à la valeur principale de Cauchy appliquée à la transformée de Stieltjes $S_\rho(z) = \int_{-\infty}^{+\infty} \frac{\rho(t)dt}{z-t}$ de la densité ρ.

Plus précisément $\varphi(x) = \lim_{\varepsilon \to 0} \varphi(x, \varepsilon)$, avec $\varphi(x, \varepsilon) = S_\rho(x + i\varepsilon) + S_\rho(x - i\varepsilon)$.

Ainsi on a :

$$\varphi(x,\varepsilon) = \int_{-\infty}^{+\infty} \frac{2(x-t)\rho(t)dt}{(x-t)^2+\varepsilon^2} = \frac{1}{\sqrt{2\pi}}[-e^{\frac{t^2}{2}} \ln((x-t)^2+\varepsilon^2)]_{-\infty}^{+\infty} - \frac{1}{\sqrt{2\pi}} \int_{-\infty}^{+\infty} \ln[(x-t)^2+\varepsilon^2] te^{\frac{-t^2}{2}} dt$$

En passant à la limite, il vient : $\boxed{\varphi(x) = \frac{-2}{\sqrt{2\pi}} \int_{-\infty}^{+\infty} t \ln|x-t| e^{\frac{-t^2}{2}} dt}$

On peut expliciter les coefficients de Fourier de cette réductrice par rapport aux polynômes d'Hermite, soit les $C_n(\varphi) = \int_{-\infty}^{+\infty} \varphi(x) H_n(x)\rho(x)dx$.

On obtient les formules suivantes valables pour tout entier n : $C_{2n+1}(\varphi) = (-1)^{n+1} \frac{n!}{\sqrt{(2n+1)!}}$; $C_{2n}(\varphi) = 0$.

En utilisant la relation de récurrence à trois termes générant les polynômes d'Hermite, on peut en déduire plus généralement les coefficients $C_n^k(\varphi) = \int_{-\infty}^{+\infty} \varphi(x) x^k H_n(x)\rho(x)dx$. Rappelons cette méthode élémentaire :

Soit f une fonction dont on connaît les coefficients de Fourier relatifs à un système orthonormé de polynômes P_n. Grâce aux relations classiques de récurrence reliant ces polynômes, il est possible d'évaluer de proche en proche les coefficients de Fourier des produits successifs $xf(x)$; $x^2 f(x)$;.......; $x^n f(x)$.....

Posons $C_n^k(\varphi) = \int_{-\infty}^{+\infty} f(x) x^k P_n(x)\rho(x)dx$ et rappelons que les relations entre trois polynômes successifs sont du type :

$$\boxed{xP_n(x) = u_n P_{n+1}(x) + v_n P_n(x) + u_{n-1} P_{n-1}(x)} \quad (n \geq 1)$$

On obtient alors facilement en multipliant l'égalité précédente par $x^k f(x)\rho(x)$ puis en intégrant sur R :

$$\boxed{\forall n \geq 1 \; C_n^{k+1}(f) = u_n C_{n+1}^k(f) + v_n C_n^k(f) + u_{n-1} C_{n-1}^k(f)} \; (F)$$

Pour le calcul du coefficient d'ordre 0 un calcul direct donne: $C_0^{k+1}(f) = \int_{-\infty}^{+\infty 1} x^{k+1} f(x)\rho(x)dx$.

Dans le cas qui nous intéresse on a : $u_n = -\sqrt{n+1}\,;\, v_n = 0$. On en déduit facilement :

Pour tout n : $C^0_{2n}(\varphi) = 0\,;\, C^0_{2n+1}(\varphi) = \dfrac{(-1)^{n+1} n!}{\sqrt{(2n+1)!}}$

Pour $n \neq 0$: $C^1_{2n}(\varphi) = \dfrac{(-1)^{n+1} n!}{\sqrt{(2n)!}}\,;\, C^1_{2n+1} = 0\ ;\ C^1_0(\varphi) = 1\,;\, C^1_1(\varphi) = 0$

Pour $n \neq 0$: $C^2_{2n}(\varphi) = 0\,;\, C^2_{2n+1}(\varphi) = \dfrac{(-1)^{n} n! n}{\sqrt{(2n+1)!}}\ ;\ C^2_0(\varphi) = 0; C^2_1(\varphi) = -2$

On obtient facilement grâce à (*F*) par récurrence sur l'entier k la généralisation suivante :

$$\begin{array}{|lll|} \hline \forall n \geq k & C^{2k}_{2n}(\varphi) = 0\,; & C^{2k}_{2n+1} = \dfrac{(-1)^{n+k-1} n! V_k(n)}{\sqrt{(2n+1)!}} \\ \forall n \geq k+1 & C^{2k+1}_{2n}(\varphi) = \dfrac{(-1)^{n+k-1} n! U_k(n)}{\sqrt{(2n)!}}\,; & C^{2k+1}_{2n+1}(\varphi) = 0 \\ \hline \end{array}$$

Avec $k \mapsto (U_k, V_k)$ suite double de polynômes définis de proche en proche par :

$$\boxed{U_0 = 1\,;\, V_0 = 1 \text{ et } \forall k \geq 0 \begin{cases} V_{k+1}(n) = (2n+1)U_k(n) - (n+1)U_k(n+1) \\ U_{k+1}(n) = 2V_{k+1}(n-1) - V_{k+1}(n) \end{cases}}$$

Voici donc comment apparaît naturellement cette suite double.

2. Recherche de relations d'orthogonalité.

Dans une étude antérieure analogue, concernant les polynômes de Laguerre, j'avais aussi vu apparaître une suite double de polynômes, qui de manière étonnante étaient pour l'une orthogonale relativement à la mesure discrète de poids $p(n) = \dfrac{1}{2^n}$, et pour l'autre était la suite des polynômes secondaires associés pour cette mesure.

Plus précisément apparaissait la relation suivante : $C_n^k(\varphi) = A_k(n)s_n - B_k(n)$, avec ici $\varphi(x) = \lim_{\varepsilon\to 0^+}\varphi(x,\varepsilon) = 2[\ln(x) - \int_0^{+\infty} \ln|x-t|e^{-t}dt]$ que l'on peut aussi écrire : $\varphi(x) = -2e^{-x}[Ei(1,-x)+i\pi]$, et $s_n = -C_n(\varphi) = \frac{1}{2^n}\sum_{k=1}^{k=n}\frac{2^k}{k}$.

Les A_k sont orthogonaux pour le poids discret $p(n) = \frac{1}{2^n}$ et B_k est le polynôme secondaire associé à A_k pour ce poids.

J'ai eu alors l'intuition que dans le cas d'Hermite, les polynômes apparaissant pouvaient être orthogonaux pour une certaine mesure discrète à déterminer. Voici comment, grâce à MAPLE, l'encyclopédie en ligne des suites entières, un minimum de connaissances théoriques et un peu de persévérance je suis allé au bout de cette recherche qui m'a permise au final d'identifier les termes de la suite A014307 comme une suite de moments.

J'écartais d'abord la suite V_n, à cause du $V_1(x) = x$, et je cherchais à la main les valeurs probables de moments c_n assurant l'orthogonalité des $U_n(x)$ aux x^k pour $k < n$, pour les premières valeurs de n.

Dans cette démarche élémentaire, ou ça bloque très vite, ou alors c'est qu'il y a forte présomption d'orthogonalité générale. Bon heureusement c'était le cas, avec le choix arbitraire de $c_0 = 1$, il vient les valeurs $c_1 = 2; c_2 = 7; c_3 = 35; c_4 = 226$, et tout semble cohérent ! Bon ici un coup d'œil sur l'encyclopédie en ligne des suites entières s'impose : Bingo, ce sont à un décalage initial prés les premiers termes d'une suite répertoriée A014307 définie comme étant les dérivées successives en 0 de la fonction $x \mapsto f(x) = \sqrt{\frac{e^x}{2-e^x}}$.

Pas de trace de moments , bon au travail, il y a là une piste à creuser, d'autant plus que maintenant un petit programme MAPLE me permet facilement de tester l'orthogonalité des U_n pour un produit scalaire potentiel correspondant à ces moments, et aussi loin que je calcule ça marche !

3. Recherche d'un poids correspondant aux moments.

De la génération double initiale on tire facilement la définition des U_n seuls, qui s'explicite par : $U_0(x)=1$ et :
$\forall k \geq 0\ \ U_{k+1}(x)=(4x-2)U_k(x-1)-(4x+1)U_k(x)+(x+1)U_k(x+1)$.

Il faut maintenant utiliser la théorie des polynômes orthogonaux classiques relatifs à une mesure discrète. Elle est très similaire à celle relative à une mesure continue, l'opérateur dérivée étant remplacé par celui de Hilbert : $\Delta f(x)=f(x+1)-f(x)$, si on travaille sur un support entier. Il y a aussi des petits décalages d'indice apparaissant ça et là. Un résultat fondamental est que si le poids satisfait à une équation $\Delta(\sigma.\rho)=\tau.\rho$, avec σ,τ polynômes du type $\sigma(x)=ax^2+bx+c$ et $\tau(x)=ux+v$, alors moyennant aussi certaines conditions limites, on pourra construire une suite de polynômes orthogonaux satisfaisant pour tout k à la relation fonctionnelle :

$$\sigma(x)\Delta(\Delta(P_k(x-1))+\tau(x)\Delta(P_k(x))+\lambda_k P_k(x)=0.$$

Ainsi les U_k, s'ils sont bien attachés à un poids classique, doivent satisfaire à une relation du type :

$$(ax^2+bx+c)(U_k(x+1)-2U_k(x)+U_k(x-1))+(ux+v)(U_k(x+1)-U_k(x))+\lambda_k U_k(x)=0$$

Un petit programme MAPLE de résolution de système appliqué aux polynômes U_5,U_6,U_7 me donna facilement les valeurs cohérentes :
$v=-2u$; $a=0$; $b=-2u$; $c=u$; $\lambda_k=-ku$

Les U_k semblent donc vérifier :
$(-2x+1)\Delta(\Delta(U_k(x-1))+(x-2)\Delta(U_k(x))-kU_k(x)=0$

Ceci se prouve par récurrence en utilisant la génération séquentielle ci-dessus des U_k. Explicitons le poids correspondant, solution de $\Delta((-2x+1)\rho(x))=(x-2)\rho(x)$.

Ceci se traduit pour n entier : $[1-2(n+1)]\rho(n+1)-[1-2n]\rho(n)=(n-2)\rho(n)$,

qui se simplifie en : $\rho(n+1)=(\dfrac{n+1}{2n+1}).\rho(n)$.

De là on tire facilement : $\rho(n)=\dfrac{2^n}{binomial(2n,n)}$.

4. Une vérification ratée mais fertile.

Cette formule trouvée, je me lance bien sûr dans le calcul des moments de cette mesure espérant voir apparaître les termes de AO14307, mais cela ne marche pas ! Je reprends les calculs, tout semble bon, qu'est ce qui cloche ? je relis la théorie, bien sûr la méga boulette, j'ai oublié les conditions aux limites assurant la validité du tout. Or que disent ces conditions, et bien que si le produit scalaire est évalué par $< f/g >= \sum_{n=0}^{n=\infty} f(x_n)g(x_n)\mu(n)$ avec les termes x_n du type $x_n = \alpha n + \beta$, alors on doit avoir pour tout k entier $\sigma(x_n)(x_n)^k \rho(x_n)$ qui vaut 0 pour n nul et pour n tendant vers l'infini. (L'opérateur Δ étant alors défini dans le cas général par $\Delta f(x) = \dfrac{f(\alpha x + \beta) - f(x)}{\alpha}$).

Ici j'ai choisi la simplicité avec $x_n = n$, mais la condition en 0 n'est pas remplie car $\sigma(x) = 1 - 2x$ ne s'annule qu'en $\dfrac{1}{2}$. Bon et bien si on sommait à partir de $\dfrac{1}{2}$, c'est fou non, mais après tout qu'est ce que je risque ?

Je demande donc sans trop d'espoir à MAPLE de calculer sum(2^n/binomial(2*n,n),n=1/2..infinity) ; bingo, il me renvoie π. Je poursuis fébrile en mettant un facteur n en plus au produit et il vient 2π, puis à ma grande stupeur en augmentant la puissance apparaissent 7π, 35π, 226π, …. C'est le bonheur ! Bon mais c'est quoi cette somme en réalité ? MAPLE utilise bien sûr les coefficients binomiaux généralisés construits avec la fonction gamma, c'est-à-dire suivant la formule $binomial(p,q) = \dfrac{\Gamma(p+1)}{\Gamma(q+1)\Gamma(p-q+1)}$, ce qui donne ici puisqu'on part de $\dfrac{1}{2}$ avec des sauts entiers ($\alpha = 1$), l'expression :

$$\rho(n+\frac{1}{2}) = \frac{2^{n+\frac{1}{2}}}{binomial(2n+1, n+\frac{1}{2})} = \frac{2^{n+\frac{1}{2}}.(\Gamma(n+\frac{3}{2}))^2}{(2n+1)!}.$$

Reste à normaliser pour éliminer le facteur π. Ainsi, le produit scalaire défini par la formule : $< f / g >_\rho = \frac{1}{\pi}\sum_{n=0}^{n=\infty} f(n+\frac{1}{2})g(n+\frac{1}{2})\frac{2^{n+\frac{1}{2}}.\Gamma^2(n+\frac{3}{2})}{(2n+1)!}$ rend bien les polynômes U_n orthogonaux.

Grâce à l'équation fondamentale $\Gamma(x+1) = x\Gamma(x)$ et à l'initialisation $\Gamma(\frac{1}{2}) = \sqrt{\pi}$ on vérifie en fait facilement que $\boxed{\rho(n+\frac{1}{2}) = \frac{(2n+1)!}{(n!)^2 8^{n+\frac{1}{2}}}}$.

Un calcul approché des normes des U_n par MAPLE suggère la formule $\|U_n\|^2 = \frac{(2n+1)!}{2^n}$.

De plus si on écrit classiquement $U_n(x) = a_n x^n + b_n x^{n-1} + ...$ il semble que l'on ait $a_n = 1$ et $b_n = -\frac{n(3n+1)}{2}$. Merci encore à l'encyclopédie des suites entières.

Si tout cela est effectif, la relation de récurrence classique à trois termes, c'est-à-dire : $xU_n(x) = \frac{a_n}{a_{n+1}}U_{n+1}(x) + (\frac{b_n}{a_n} - \frac{b_{n+1}}{a_{n+1}})U_n(x) + \frac{a_{n-1}\|U_n\|^2}{a_n\|U_{n-1}\|^2}.U_{n-1}(x)$

prendra donc ici la forme :

$$\boxed{xU_n(x) = U_{n+1}(x) + (3n+2)U_n(x) + n(2n+1)U_{n-1}(x)}.$$

MAPLE confirme bien cette cohérence et cette relation s'établit facilement à partir des générations antérieures des U_n.

Reste à vérifier que les moments c_n coïncident bien à un rang prés avec les termes de la suite AO14307.

5. Identification des moments.

Partons de l'équation fonctionnelle vérifiée par le poids, soit la relation $\rho(n+1)=(\frac{n+1}{2n+1}).\rho(n)$. Elle se traduit également :

$$\rho(k+\frac{1}{2}+1)=\left(\frac{k+\frac{1}{2}+1}{2k+2}\right).\rho(k+\frac{1}{2})$$, ou encore, pour tout entier k :

$2(k+1)\rho(k+\frac{1}{2}+1)=(k+\frac{1}{2}+1)\rho(k+\frac{1}{2})$. Si on multiplie par $(k+\frac{1}{2})^n$, pour un n fixé et que l'on somme pour k variant de 0 à l'infini, on obtient vu la définition des moments : $2\sum_{k=0}^{k=\infty}(k+1)(k+\frac{1}{2})^n\rho(k+\frac{1}{2}+1)=c_{n+1}+c_n$.

Egalité que nous nommerons (E).

Ecrivons par Newton : $(k+\frac{1}{2})^n=(k+1+\frac{1}{2}-1)^n=\sum_{j=0}^{j=n}C_n^j(k+\frac{1}{2}+1)^j(-1)^{n-j}$

Le premier membre de (E) = $2\sum_{k=0}^{k=\infty}\sum_{j=0}^{j=n}C_n^j(-1)^{n-j}[(k+1+\frac{1}{2})^{j+1}-\frac{1}{2}(k+1+\frac{1}{2})^j]$.

Or ceci peut se transformer en : $2\sum_{j=0}^{j=n}C_n^j(-1)^{n-j}[c_{j+1}-\frac{\rho(\frac{1}{2})}{2^{j+1}}-\frac{1}{2}(c_j-\frac{\rho(\frac{1}{2})}{2^j})]$.

Finalement il vient : $c_{n+1}+c_n=\sum_{j=0}^{j=n}C_n^j(-1)^{n-j}[2c_{j+1}-c_j]$ que l'on peut écrire aussi :

$$\boxed{c_{n+1}=2c_n+\sum_{j=0}^{j=n-1}C_n^j(-1)^{n-j}[c_j-2c_{j+1}]}$$

Il nous reste donc à montrer, pour l'identification avec les termes de A014307, à vérifier que les dérivées successives en 0 de $x\mapsto f(x)=\sqrt{\frac{e^x}{2-e^x}}$, décalées d'un terme, satisfont à cette relation de calcul.

Vu la forme de cette relation on se doute qu'une bonne intervention de la formule de Leibniz peut être la clef. Commençons par remarquer que la fonction f satisfait à l'équation différentielle : $y'(2-e^x)=y$. On en tire facilement l'équation d'ordre 2 suivante : $e^{-x}(2y''-y')=y'+y''$. En dérivant à l'ordre n il vient donc par Leibniz en 0 :

$$f^{(n+1)}(0)+f^{(n+2)}(0)=\sum_{j=0}^{j=n} C_n^j(-1)^{n-j}(2f^{(j+2)}(0)-f^{(j+1)}(0)).$$

On a donc bien $c_n=f^{(n+1)}(0)$. Voici une petite vérification par MAPLE :

```
for n from 0 to 6 do
d[n]:=simplify(subs(x=0,diff(f(x),x$(n+1))));od;
```

$d_0:=1\ \ d_1:=2\ \ d_2:=7\ \ d_3:=35\ \ d_4:=226\ \ d_5:=1787\ \ d_6:=16717$

```
for n from 0 to 6 do
c[n]:=simplify(sum((k+1/2)^n*(2*k+1)!/((k!)^2*8^(k+
1/2)),k=0..infinity));od;
```

$c_0:=1\ \ c_1:=2\ \ c_2:=7\ \ c_3:=35\ \ c_4:=226\ \ c_5:=1787\ \ c_6:=16717$

6. Et les polynômes V_n ?

L'importance de l'opérateur de Hilbert Δ dans le cas des mesures discrètes me suggéra l'étude des images des V_n. On montre facilement que $\Delta V_n(x-1)=nU_{n-1}(x)$.

De là d'après la théorie classique, l'orthogonalité des polynômes $F_j(x)=V_j(x-1)$ pour le poids $\dfrac{\rho(j+\frac{1}{2})}{j+\frac{1}{2}}=\dfrac{2^{j+\frac{1}{2}}}{\pi(j+\frac{1}{2})binomial(2j+1,j+\frac{1}{2})}$.

Les moments sont ici exactement les coefficients de la suite A014307, sans décalage d'indice. Les premiers polynômes sont :

$F_0(x) = 1$

$F_1(x) = x - 1$

$F_2(x) = x^2 - 5x + 3$

$F_3(x) = x^3 - 12x^2 + 32x - 15$

$F_4(x) = x^4 - 22x^3 + 137x^2 - 260x + 105$

La relation de récurrence à trois termes s'écrit ici :

$$xF_n(x) = F_{n+1}(x) + (3n+1)F_n(x) + n(2n-1)F_{n-1}(x) .$$

Ceci nous donne $\|F_n\|^2 = \dfrac{(2n)!}{2^n}$.

7. Epilogue.

Avec le cas de Laguerre évoqué plus haut, nous avons donc deux situations où dans l'étude des coefficients $C_n^k(\varphi)$ apparaissent deux suites de polynômes orthogonaux pour une mesure discrète. Ceci est troublant mais ne semble pas découler d'un principe général, il faut plutôt y voir une des multiples beautés de la mathématique.

Il faut reconnaître que la formule obtenue :

$$\int_{-\infty}^{+\infty} \varphi(x) x^{2k+1} H_{2n}(x) \frac{e^{-\frac{x^2}{2}}}{\sqrt{2\pi}} dx = \frac{(-1)^{n+k-1} n!}{\sqrt{(2n)!}} U_k(n) \text{ , avec :}$$

$\varphi(x) = \dfrac{-2}{\sqrt{2\pi}} \displaystyle\int_{-\infty}^{+\infty} t \ln|x-t| e^{\frac{-t^2}{2}} dt$ et les U_k orthogonaux pour le poids

$\dfrac{2^{n+\frac{1}{2}}}{\pi binomial(2n+1, n+\frac{1}{2})}$, peut surprendre !

Une étude analogue menée à partir de la mesure de Lebesgue sur [0,1] fait encore apparaître une famille double de polynômes, mais là je bute à voir apparaître des orthogonalités.

Pour qui veut s'y intéresser, ces polynômes sont les numérateurs de la suite double de fractions rationnelles définies par

$F_0(x)=0$; $G_0(x)=\dfrac{-2}{(2x+1)(x+1)}$ et les formules récurrentes :

$$F_{k+1}(x)=\frac{1}{2(4x+1)}[-(2x+1)G_k(x)+(4x+1)F_k(x)-2xG_k(x-1)]$$

$$G_{k+1}(x)=\frac{1}{2(4x+3)}[-(2x+2)F_k(x+1)+(4x+3)G_k(x)-(2x+1)F_k(x)]$$

Ceci donnant alors avec $\varphi(x)=2\ln(\frac{x}{1-x})$, réductrice de la mesure de Lebesgue de densité $\rho(x)=1$ sur [0,1], et pour P_n polynôme de Legendre associé, les égalités : $C_{2n}^k(\varphi)=\sqrt{4n+1}.F_k(n)$; $C_{2n+1}^k(\varphi)=\sqrt{4n+3}.G_k(n)$.

On remarque cependant que la fraction $F_k(x+\frac{1}{2})$ satisfait à une relation de récurrence avec les mêmes coefficients que pour la relation vérifiée par $G_k(x)$, ce qui suggère de s'intéresser à des combinaisons de ces fractions.

L'étude sur MAPLE de la somme $L_k(x)=F_k(x+\frac{1}{2})+G_k(x)$ conduit à l'expression semble t-il générale : $L_n(x)=\dfrac{(-1)^n(n!)^2}{D_n(x)}.L_0(x)$ avec $D_n(x)=\prod_{k=0}^{k=n-1}(2x+k+3)(2x-k)$, $L_0(x)=\dfrac{-2}{(2x+1)(x+1)}$.

Malheureusement l'étude de la différence ne donne rien de simple. Il faudrait trouver une combinaison plus sophistiquée.

Références pour ce qui concerne la réductrice: Roland Groux. Polynômes orthogonaux et transformations intégrales. Problèmes imbriqués. Editions Cépaduès. Toulouse.

Toulon, le 7 Janvier 2009.

Chapitre 4

NULLE PART OU PRESQUE PARTOUT

4.1 Problème 4.

Ce problème présente deux exemples classiques de fonctions continues dérivables nulle part.

A) Exemple de Van de Waerden.

1. On considère la fonction f de période 1 coïncidant avec la valeur absolue sur l'intervalle $[-\frac{1}{2},\frac{1}{2}]$. Etudier la continuité et la dérivabilité de f. Pour tout entier relatif n on pose $I_n=[\frac{n}{2},\frac{n+1}{2}]$. Montrer que la restriction de f à cet intervalle est une fonction affine que l'on précisera.

2. Montrer que la formule $F(x)=\sum_{k=0}^{k=\infty}\frac{f(4^k x)}{4^k}$ définit parfaitement une fonction continue sur R entier.

3. On désigne ici par a un réel fixé et par $n\mapsto u_n$ une suite d'éléments de $\{-1,1\}$. On pose alors $x_n=a+\frac{u_n}{4^n}$ et $T_n=\frac{F(x_n)-F(a)}{x_n-a}$. Montrer que $T_n=\sum_{k=0}^{k=n-1}\frac{f(4^k x_n)-f(4^k a)}{4^k(x_n-a)}$.

4. Montrer que l'on peut choisir les termes u_n de façon que pour tout entier n non nul on ait l'égalité : $\left|f(4^{n-1}a+\frac{u_n}{4})-f(4^{n-1}a)\right|=\frac{u_n}{4}$.

5. Vérifier alors que T_n est une somme de n termes de $\{-1, 1\}$.

6. Conclure enfin la non dérivabilité de f au point a.

B) Exemple de Weierstass.

On considère ici un entier a non nul et un réel q élément de $]0, 1[$.

1. Montrer que la formule $f(x) = \sum_{k=0}^{k=\infty} q^k \cos(a^k \pi x)$ définit bien une fonction sur R entier. Montrer que f est continue sur R et dérivable si on suppose de plus $a.q < 1$. On supposera au contraire dans toute la suite que : $q > \frac{1}{a}$.

2 . On va montrer qu'en prenant q suffisamment grand, la fonction f ne sera dérivable en aucun réel x. Commencer par écrire pour n entier non nul fixé le taux d'accroissement de f en x comme : $T_h = \frac{f(x+h) - f(x)}{h} = S_n + R_n$ avec $S_n = \frac{1}{h} . \sum_{k=0}^{k=n-1} q^k [\cos(a^k \pi(x+h)) - \cos(a^k \pi x)]$.

3. Montrer que $|S_n| \leq \pi \frac{(aq)^n}{aq - 1}$.

4. Vu que la réunion des intervalles $[p - \frac{1}{2}, p + \frac{1}{2}[$ recouvre R entier lorsque p décrit Z, on pourra toujours écrire pour tout entier n la décomposition : $a^n x = \alpha_n + r_n$, avec α_n relatif et $-\frac{1}{2} \leq r_n < \frac{1}{2}$. On pose alors $h = \frac{1 - r_n}{a^n}$. Montrer que si l'entier a est maintenant supposé impair on a l'égalité : $R_n = \frac{(-1)^{\alpha_n + 1}}{h} . \sum_{k=n}^{k=\infty} q^k [1 + \cos(a^{k-n} \pi r_n)]$

5. Sous les hypothèses de la question précédente, montrer que $|R_n| \geq \frac{2(aq)^n}{3}$.

6. Conclure enfin la non dérivabilité de f en x si a impair et $aq > 1 + \frac{3\pi}{2}$.

Corrigé du problème 4.

A) Exemple de Van de Waerden.

1. Vu la périodicité il nous suffit d'effectuer l'étude sur $[-\frac{1}{2},\frac{1}{2}]$. Comme $f(x)=|x|$ sur cet intervalle il est clair que :

_ La fonction f est dérivable sur $]-\frac{1}{2},0[\cup]0,\frac{1}{2}[$.

_ Elle est continue en 0 et non dérivable en ce point.

_ Pour la borne $\frac{1}{2}$, f est dérivable à gauche et $f'_g(\frac{1}{2})=1$, et à droite avec $f'_d(\frac{1}{2})=-1$ car sur $[\frac{1}{2},1]$ $f(x)=1-x$. Elle n'est donc pas dérivable en ce point mais continue car les limites à droite et à gauche de f coïncident avec le réel $\frac{1}{2}=f(\frac{1}{2})$.

La parité de f entraîne une conclusion analogue en la borne $-\frac{1}{2}$. En conclusion, vu la périodicité, f est continue sur R entier et dérivable en tout point n'étant pas de la forme $\frac{n}{2}$ avec n entier relatif.

Etudions maintenant f sur $I_n=[\frac{n}{2},\frac{n+1}{2}]$.

_ Si $n=2p$ est pair. $I_{2p}=[p,p+\frac{1}{2}]$. Ainsi puisque f a pour période 1, on aura pour les x de cet intervalle : $f(x)=f(x-p)=|x-p|=x-p$.

_ Si $n=2p+1$ est impair. $I_{2p+1}=[p+\frac{1}{2},p+1]$. Sur cet intervalle on aura donc $f(x)=f(x-p-1)=p+1-x$.

La fonction f est donc affine par morceaux.

2. La série étudiée est à termes positifs et converge normalement de par la majoration uniforme évidente : $\dfrac{f(4^k x)}{4^k} \leq \dfrac{1}{2.4^k}$. La somme $F(x)$ est donc parfaitement définie. La continuité de F est conséquence de la convergence normale. Rappelons simplement sur cet exemple le principe de la démonstration. On écrit pour a fixé et n entier donné :

$|F(x)-F(a)| \leq \sum_{k=0}^{k=n} \dfrac{|f(4^k x)-f(4^k a)|}{4^k} + \sum_{k=n+1}^{k=\infty} \dfrac{1}{4^k}$. Puis pour $\varepsilon > 0$ donné on commence par choisir l'entier n tel que $\sum_{k=n+1}^{k=\infty} \dfrac{1}{4^k} < \dfrac{\varepsilon}{2}$. Il reste à remarquer que par continuité de f, la somme finie $\sum_{k=0}^{k=n} \dfrac{|f(4^k x)-f(4^k a)|}{4^k}$ tendra vers 0 lorsque x tend vers a. On pourra donc choisir x suffisamment proche de a de façon que cette quantité soit aussi inférieure à $\dfrac{\varepsilon}{2}$, ce qui entraînera $|F(x)-F(a)| < \varepsilon$.

3. Par définition même : $F(x_n)-F(a) = \sum_{k=0}^{k=\infty} \dfrac{f(4^k x_n)-f(4^k a)}{4^k}$.

Or $4^k x_n = 4^k(a+\dfrac{u_n}{4^n}) = 4^k a + 4^{k-n} u_n$. Puisque u_n ne peut prendre que les valeurs -1 et 1, on aura donc $4^{k-n}u_n$ entier relatif dés que $k \geq n$. A partir de ce rang on aura vu la périodicité de f : $f(4^k x_n) - f(4^k a) = 0$.
Ainsi le taux d'accroissement de F entre a et x_n se résume à la somme finie :

$$T_n = \sum_{k=0}^{k=n-1} \frac{f(4^k x_n)-f(4^k a)}{4^k(x_n - a)}.$$

4. Pour n entier non nul, il existe au moins un relatif p tel que $4^{n-1}a$ soit élément de $I_p = [\dfrac{p}{2}, \dfrac{p+1}{2}]$. Effectuons alors le choix suivant :

_ Si $\dfrac{p}{2} \leq 4^{n-1}a \leq \dfrac{p}{2} + \dfrac{1}{4}$, on prendra $u_n = 1$.

_ Si $\frac{p}{2}+\frac{1}{4}<4^{n-1}a\leq\frac{p}{2}+\frac{1}{2}$, on prendra $u_n=-1$.

Dans l'un ou l'autre des cas, $4^{n-1}x_n=4^{n-1}a+\frac{u_n}{4}$ est encore élément de I_p. On en déduit facilement que $f(4^{n-1}a+\frac{u_n}{4})-f(4^{n-1}a)=\pm\frac{u_n}{4}$, ceci d'après la première question et suivant que le coefficient directeur de *f* sur I_p est égal à ± 1. On a donc : $\left|f(4^{n-1}a+\frac{u_n}{4})-f(4^{n-1}a)\right|=\frac{1}{4}$.

5. Montrons maintenant que l'appartenance à un même intervalle de la famille $n\mapsto I_n$, *n* décrivant $\mathbb{Z}$, se conserve dans la division par 4.

Soit *x* et *y* éléments d'un même $I_p=[\frac{p}{2},\frac{p+1}{2}]$. Les éléments $\frac{x}{4}$ et $\frac{y}{4}$ sont alors éléments de $[\frac{p}{8},\frac{p+1}{8}]$. Effectuons la division Euclidienne de *p* par 4, soit $p=4q+r$, avec *q* relatif et *r* entier élément de $\{0,1,2,3\}$. On a donc $[\frac{p}{8},\frac{p+1}{8}]=[\frac{q}{2}+\frac{r}{8},\frac{q}{2}+\frac{r+1}{8}]$, intervalle inclus dans $I_q=[\frac{q}{2},\frac{q+1}{2}]$ qui contient bien $\frac{x}{4}$ et $\frac{y}{4}$.

Si on part du choix précédent de u_n tel que $4^{n-1}x_n$ et $4^{n-1}a$ appartiennent à un même I_p, on aura donc par divisions successives par 4 et la remarque précédente : pour tout *k* de $\{0,1,\dots,n-1\}$, $\left|\frac{f(4^k x_n)-f(4^k a)}{4^k x_n-4^k a}\right|=1$.

(Sur chaque I_p le taux d'accroissement de *f* est égal à ± 1). Ainsi on a bien T_n somme de *n* termes de $\{-1,1\}$.

6. Si *F* était dérivable en *a* on aurait alors $\lim_{n\to\infty}\frac{F(x_n)-F(a)}{x_n-a}=F'(a)$ réelle, d'où la convergence de la suite $n\mapsto T_n$. Appelons alors λ_n le nombre de fois où la pente $+1$ apparaît dans l'expression de T_n.

Il vient : $T_n = \lambda_n - (n - \lambda_n) = 2\lambda_n - n$. Ainsi le relatif T_n a la parité de l'entier n et ne peut donc converger.

B) Exemple de Weierstass.

1. La convergence de la série étudiée est normale vu la majoration évidente $\left|q^k \cos(a^k \pi x)\right| \le q^k$ avec $0 < q < 1$. De même en examinant la série des dérivées, soit $-\pi \sum_{k=0}^{k=\infty} q^k a^k \sin(a^k \pi x)$, on a à nouveau une convergence normale si $a.q < 1$. Ceci assure la dérivabilité de f sur R entier ainsi que la formule $f'(x) = -\pi \sum_{k=0}^{k=\infty} (aq)^k \sin(a^k \pi x)$.

2. Par définition même de f et vu la convergence des séries, on a évidemment $T_h = \sum_{k=0}^{k=\infty} q^k . \frac{\cos(a^k \pi(x+h)) - \cos(a^k \pi x)}{h}$. La somme S_n apparaît lorsqu'on arrête l'indice k au rang $n-1$. La somme des termes d'indice supérieur est convergente et donne R_n.

3. Rappelons la formule : $\cos(y) - \cos(x) = -2\sin(\frac{x-y}{2})\sin(\frac{x+y}{2})$, ainsi que la majoration classique : $\left|\sin(x)\right| \le |x|$. On en déduit aussitôt que $\left|\cos(a^k \pi(x+h)) - \cos(a^k \pi x)\right| \le a^k \pi |h|$. D'où par l'inégalité triangulaire :

$$\left|S_n\right| \le \frac{1}{|h|} . \sum_{k=0}^{k=n-1} q^k a^k \pi |h| = \pi \frac{(aq)^n - 1}{aq - 1}.$$

Comme $aq > 1$ on a donc bien: $\left|S_n\right| \le \pi \frac{(aq)^n}{aq-1}$.

4. Pour tout entier $k \ge n$ on a facilement les égalités : $a^k \pi(x+h) = a^{k-n} \pi(\alpha_n + r_n + 1 - r_n) = a^{k-n} \pi(\alpha_n + 1)$.

On en déduit puisque a est supposé impair : $\cos(a^k \pi(x+h)) = (-1)^{\alpha_n + 1}$.

Remarquons aussi : $a^k \pi x = a^{k-n} \pi(\alpha_n + r_n) = a^{k-n} \pi \alpha_n + a^{k-n} \pi r_n$.

Donc d'après la formule d'addition, et puisque α_n et a sont relatifs : $\cos(a^k \pi x) = \cos(a^{k-n} \pi \alpha_n) \cos(a^{k-n} \pi r_n)$, c'est-à-dire encore puisque a impair :

$\cos(a^k \pi x) = (-1)^{\alpha_n} \cos(a^{k-n} \pi r_n)$. La somme infinie R_n va donc s'écrire : $R_n = \frac{(-1)^{\alpha_n+1}}{h} . \sum_{k=n}^{k=\infty} q^k [1+\cos(a^{k-n} \pi r_n)]$.

5. Vu la définition de $h = \frac{1-r_n}{a^n}$, et vu que $-\frac{1}{2} \leq r_n < \frac{1}{2}$, il est clair que $|h| \leq \frac{3}{2a^n}$. On en déduit en examinant la série précédente où tous les termes $1+\cos(a^{k-n} \pi r_n)$ sont positifs, la minoration : $|R_n| \geq \frac{2a^n}{3} q^n [1+\cos(\pi r_n)]$. Or $\cos(\pi r_n)$ est positif vu la position de r_n. On en déduit bien $|R_n| \geq \frac{2(aq)^n}{3}$.

6. Si on fait la synthèse des résultats précédents, on peut minorer la valeur absolue du taux d'accroissement T_h par : $|T_h| \geq |R_n| - |S_n| \geq \frac{2(aq)^n}{3} - \pi \frac{(aq)^n}{aq-1}$.

D'où encore en factorisant : $|T_h| \geq (aq)^n [\frac{2}{3} - \frac{\pi}{aq-1}]$.

Donc si la quantité entre crochets est strictement positive, c'est-à-dire si $aq > 1 + \frac{3\pi}{2}$, le taux d'accroissement T_h tendra vers l'infini lorsque n tend vers l'infini, donc lorsque $h = \frac{1-r_n}{a^n}$ tend vers 0. La fonction f n'est donc pas dérivable en x.

4.2 Dérivation des fonctions monotones.

On a vu qu'une fonction continue sur un intervalle peut n'être dérivable en aucun point. Mais si on suppose de plus la monotonie de l'application, alors la dérivabilité est assurée presque partout, c'est-à-dire que l'ensemble des points où elle n'a pas lieu est de mesure nulle. Nous analysons dans ce qui suit le schéma d'une démonstration classique de Lebesgue, puis après un problème sur les fonctions dites de saut nous généraliserons ce résultat avec la seule hypothèse de monotonie. La compréhension de la preuve nécessite quelques rappels essentiels de topologie sur R que nous allons examiner en préliminaires.

4.2.1 Structure des ouverts bornés de R.

Rappelons qu'un ensemble O est un ouvert de R si et seulement si tout x de O est centre d'un intervalle du type $]x-\varepsilon, x+\varepsilon[$ (avec $\varepsilon > 0$), inclus entièrement dans O. On montre facilement qu'un ouvert borné non vide peut s'écrire comme réunion disjointe d'intervalles ouverts élémentaires, indexée sur un ensemble au plus dénombrable, soit $O = \bigcup_{k \in I}]a_k, b_k[$, avec pour $i \neq j$ $]a_i, b_i[\cap]a_j, b_j[= \varnothing$ et $I \subset \mathbb{N}$. Voici les étapes d'une preuve, O étant supposé inclus dans un compact $K = [m, M]$.

a) Pour tout x élément de O on définit l'intervalle $I_x =]\alpha_x, \beta_x[$ avec $\alpha_x = \inf\{ t \in K \text{ tel que }]t, x] \subset O \}$ et $\beta_x = \sup\{ t \in K \text{ tel que } [x, t[\subset O \}$. Il est facile de vérifier vu les propriétés caractéristiques des bornes inférieures et supérieures que $I_x \subset O$ et que I_x est le plus grand intervalle ouvert contenant x inclus dans O. Nous laissons au lecteur cet exercice élémentaire.

b) On a donc $O = \bigcup_{x \in O} I_x$. Cependant si deux intervalles I_x et I_y ont un point en commun, ils sont nécessairement confondus car $I_x \cup I_y$ est alors un intervalle ouvert contenu dans O et contenant I_x et I_y, d'où $I_x \cup I_y = I_x = I_y$ d'après la maximalité des I_x signalée au dessus.

L'ouvert O peut donc s'écrire comme une union disjointe $O=\bigcup_{k\in J}]\,a_k,b_k\,[$ en notant J l'ensemble quotient pour la relation d'équivalence : $x\approx y$ si et seulement si $I_x=I_y$.

c) Il reste à examiner le cardinal de J. Rappelons que tout intervalle réel non vide contient au moins un nombre rationnel (densité de Q dans R). L'axiome du choix nous donne alors une injection f de J vers Q , en prenant pour chaque k un élément $f(k)$ de $]\,a_k,b_k\,[$. Ceci assure que J est au plus dénombrable.

4.2.2 Mesure des ouverts. Le presque partout.

Par définition, la mesure de Lebesgue d'un ouvert borné écrit comme union disjointe d'intervalles, soit sous la forme : $O=\bigcup_{k\in J}]\,a_k,b_k\,[$, est le réel positif $|O|=\sum_{k\in J}(b_k-a_k)$, des longueurs des intervalles le composant. On sait que pour les familles de réels positifs, la sommabilité entraîne la convergence commutative, c'est-à-dire que la somme de la série lorsque J est infinie ne dépend pas de l'ordre de classement des intervalles de la famille. La définition de la mesure ne souffre donc d'aucune ambiguïté.

On vérifie aussi facilement d'après l'associativité des familles sommables, que si $O=\bigcup_{n\in F}O_n$ est une union disjointe d'ouverts inclus dans un même compact, alors $|O|=\sum_{n\in F}|O_n|$. Notons aussi qu'une inclusion d'ouverts, soit $O\subset U$ entraîne évidemment $|O|\le|U|$. On montre également que si $O=\bigcup_{n\in F}O_n$ est une union non nécessairement disjointe : $|O|\le\sum_{n\in F}|O_n|$, et que si la suite $n\mapsto O_n$ est croissante pour l'inclusion, $|O|=\lim_{n\to\infty}|O_n|$.

Cette mesure permet de poser les définitions suivantes :

_ Une partie E de R sera dite de mesure nulle si et seulement si quel que soit le réel $\varepsilon>0$ donné on peut trouver un ouvert O contenant E et de mesure strictement inférieure à ε. Un tel ensemble est appelé aussi négligeable.

_ Une propriété $\mathcal{P}$ dépendant d'un réel x sera dite vraie presque partout si et seulement si l'ensemble des points où elle n'est pas vérifiée est de mesure nulle.
Une réunion au plus dénombrable d'ensembles négligeables E_n est encore négligeable. Il suffit pour $\varepsilon > 0$ donné de recouvrir chacun des E_n par un ouvert O_n de mesure inférieure à $\dfrac{\varepsilon}{2^{n+1}}$.
La réunion des E_n est alors recouverte par l'ouvert $O = \bigcup_n O_n$ de mesure strictement inférieure à $\sum_{n=0}^{n=\infty} \dfrac{\varepsilon}{2^{n+1}} = \varepsilon$.

4.2.3 Valeurs d'adhérence.

Soit f une fonction définie sur une partie A de R, à valeurs dans R. On considère un réel a adhérent à l'ensemble A. Par définition, un élément y de $\overline{\mathrm{R}}$ est une valeur d'adhérence de f au point a si et seulement si y adhère à l'image par f de tout voisinage de a, autrement dit si pour tout U voisinage de a et tout V voisinage de y on a : $f(A \cap U) \cap V \neq \varnothing$. Cette notion est donc par essence locale, c'est-à-dire que l'on peut restreindre pour son étude la fonction f à un voisinage relatif de a.

Un premier résultat énonce qu'une fonction bornée au voisinage de a admet nécessairement une valeur d'adhérence réelle en ce point. La preuve repose sur la propriété de compacité d'un segment. En effet supposons les images par f incluses dans $K = [m, M]$ et qu'aucun y de K ne soit valeur d'adhérence. Il existerait alors pour chaque y un couple d'ouverts, U_y contenant a et O_y contenant y, tel que $f(A \cap U_y) \cap O_y = \varnothing$. D'après la propriété de Bolzano Weierstrass, on pourra extraire du recouvrement du compact K par les ouverts O_y un sous recouvrement fini, soit : $O_{y_1}, \ldots\ldots, O_{y_n}$. Or a adhère à A et l'intersection $V = U_{y_1} \cap \ldots\ldots \cap U_{y_n}$ est un voisinage de a. Il contient donc au point un élément x de A. L'élément $y = f(x)$ de K appartient donc à un des O_{y_k}. Or ceci est contradictoire avec $f(A \cap U_{y_k}) \cap O_{y_k} = \varnothing$.

Si maintenant, la fonction f n'est pas majorée au voisinage de a, il est clair que $+\infty$ sera valeur d'adhérence de f en a. En effet pour tout réel C donné et tout ouvert U contenant a il existera au moins un x de $A \cap U$ tel que $f(x) > C$. De même $-\infty$ sera valeur d'adhérence si f n'est pas minorée au voisinage de a. Tout ceci nous permet de poser les définitions suivantes, que f soit ou non bornée :

_ La limite supérieure de f en a est la borne supérieure des valeurs d'adhérence en ce point. On la note en général : $\overline{\lim_{x\to a}} f(x)$.

_ La limite inférieure de f en a est la borne inférieure des valeurs d'adhérence en ce point. On la note : $\underline{\lim_{x\to a}} f(x)$.

Analysons les conséquences de ces définitions. Supposons par exemple $\bar{l} = \overline{\lim_{x\to a}} f(x)$ réelle et considérons un intervalle centré sur $\bar{l}$, soit $O =]\bar{l} - \varepsilon, \bar{l} + \varepsilon[$. Par définition de la borne supérieure, plus petit des majorants, $\bar{l} - \varepsilon$ sera au moins strictement dépassé par une valeur d'adhérence μ de f en a. On a donc $\bar{l} - \varepsilon < \mu \le \bar{l} < \bar{l} + \varepsilon$. On en déduit que O est aussi un voisinage de μ et donc que pour tout voisinage V de a : $f(A \cap V) \cap O \neq \emptyset$. Ainsi $\bar{l}$ est aussi une valeur d'adhérence de f en a. Au passage on remarque que l'analyse donnée montre que l'ensemble des valeurs d'adhérence en un point est un fermé.

Maintenant montrons qu'il existe au moins un voisinage U de a tel que $\forall x \in A \cap U \quad f(x) < \bar{l} + \varepsilon$. Dans le cas contraire, notons B l'ensemble des x tels que $f(x) \ge \bar{l} + \varepsilon$. On aurait alors a adhérent à l'ensemble B. Ainsi la restriction de f à B admettrait au moins une valeur d'adhérence en a supérieure ou égale à $\bar{l} + \varepsilon$. Celle-ci serait évidemment aussi valeur d'adhérence de f en a et supérieure à la borne supérieure des valeurs d'adhérence en ce point, ce qui est contradictoire.

En résumé, on a un schéma un peu plus faible que dans le cas d'une limite classique.

En effet : Pour $\varepsilon > 0$ donné , et si $O =]\bar{l} - \varepsilon, \bar{l} + \varepsilon[$:

_ I l existe un voisinage U de a tel que $\forall x \in A \cap U \quad f(x) < \bar{l} + \varepsilon$.

_ Pour tout voisinage V de a : $f(A \cap V) \cap O \neq \varnothing$.

On effectue bien sûr une étude analogue si $\underline{l} = \underline{\lim}_{x \to a} f(x)$ est réelle.

_ Il existe un voisinage U de a tel que $\forall x \in A \cap U \quad f(x) > \underline{l} - \varepsilon$.

_ Pour tout voisinage V de a : $f(A \cap V) \cap O \neq \varnothing$.

On en déduit immédiatement que f admet une limite l en a si et seulement si on a les égalités : $\overline{\lim}_{x \to a} f(x) = \underline{\lim}_{x \to a} f(x) = l$.

On définit aussi les limites supérieures et inférieures respectivement à droite et à gauche de a en restreignant l'ensemble de définition à $A \cap [a, +\infty[$, respectivement à $A \cap]-\infty, a]$.

4.2.4 Le lemme de Riesz.

Soit g une fonction continue sur un intervalle $[a,b]$. On note O l'ensemble des x de $]a,b[$ tel qu'il existe un élément t de cet intervalle satisfaisant à : $t > x$ et $g(t) > g(x)$. On montre alors que :

_ O est un ouvert de $]a,b[$.

_ Si $O = \bigcup_{k \in I}]a_k, b_k[$, réunion d'ouverts disjoints, on a pour tout indice k de l'ensemble I l'inégalité : $g(b_k) \geq g(a_k)$.

_ Montrons d'abord que O est un ouvert. Soit x élément de O et t élément de $]a,b[$ tel que $t > x$ et $g(t) > g(x)$.

Par continuité de g en x on peut alors trouver un voisinage $V =]x - \alpha, x + \alpha[$ de ce point tel que $g(V) \subset]-\infty, g(t)[$. Puisque $x < t$, on peut même choisir α assez petit pour que t soit exclus de V.

On a alors pour tout y de V : $t > y$ et $g(t) > g(y)$. Ainsi $V \subset O$.

O est donc bien ouvert car voisinage de chacun de ses points.

_ Supposons que pour un certain k on ait $g(b_k) < g(a_k)$. En appliquant le théorème des valeurs intermédiaires à g continue sur l'intervalle $[a_k, b_k]$ il est possible de définir $c = \sup\left\{ x \in [a_k, b_k] \text{ tel que } g(x) = \dfrac{g(a_k)+g(b_k)}{2} \right\}$. Ce réel c est en fait élément de $]\,a_k, b_k\,[$ car $g(c) = \dfrac{g(a_k)+g(b_k)}{2}$ est élément de $]\,g(b_k), g(a_k)\,[$. Ainsi c est élément de O. On en déduit qu'il existe t de $]\,a,b\,[$ tel que $t > c$ et $g(t) > g(c)$. Cet élément t ne peut être élément de $[c, b_k]$, car le théorème des valeurs intermédiaires nous donnerait l'existence d'un élément d de $[t, b_k]$ tel que $g(d) = g(c)$, ce qui est contraire à la maximalité de c. On a donc $t > b_k$ et $g(t) > g(c) > g(b_k)$. Par définition même de O on en déduit l'appartenance de b_k à l'ouvert O, ce qui contredit la structure de $O = \bigcup_{k \in I}]\,a_k, b_k\,[$, (réunion d'ouverts disjoints).

Le lemme est donc bien établi. On va voir qu'il joue un rôle fondamental dans la preuve du résultat de dérivation presque partout qui nous intéresse. Signalons aussi que ce préliminaire a une formulation similaire sous la forme ci-dessus :

> Soit g une fonction continue sur un intervalle $[a,b]$. On note O l'ensemble des x de $]\,a,b\,[$ tel qu'il existe un élément t de cet intervalle satisfaisant à : $t < x$ et $g(t) > g(x)$. On montre alors que :
>
> _ O est un ouvert de $]\,a,b\,[$.
>
> _ Si $O = \bigcup_{k \in I}]\,a_k, b_k\,[$, réunion d'ouverts disjoints, on a pour tout k : $g(b_k) \le g(a_k)$.

4.2.5 Le théorème de Lebesgue.

Nous voulons ici établir la propriété $\mathcal{P}$ suivante : toute fonction f à valeurs réelles continue et croissante sur $[a,b]$ est presque partout dérivable sur cet intervalle.

En tout x de $]a,b[$ nous définissons les 4 limites suivantes du taux d'accroissement de f en x :

$$\underline{df}^+(x) = \underline{\lim}_{h\to 0^+} \frac{f(x+h)-f(x)}{h} \; ; \; \underline{df}^-(x) = \underline{\lim}_{h\to 0^-} \frac{f(x+h)-f(x)}{h} .$$

$$\overline{df}^+(x) = \overline{\lim}_{h\to 0^+} \frac{f(x+h)-f(x)}{h} \; ; \; \overline{df}^-(x) = \overline{\lim}_{h\to 0^-} \frac{f(x+h)-f(x)}{h} .$$

Montrons tout d'abord que $\mathcal{P}$ est équivalente à la proposition (*P*) suivante : Pour toute fonction f continue et croissante sur un intervalle $[a,b]$ on a presque partout les deux propriétés : a) $\overline{df}^+(x) < +\infty$ b) $\overline{df}^+(x) \le \underline{df}^-(x)$.

Il est évident que $\mathcal{P}$ entraîne (*P*) car sa réalisation entraîne l'égalité presque partout des quatre limites considérées dont la valeur commune sera le nombre dérivée réel $f'(x)$. Supposons maintenant (*P*) vérifiée. Appliquons (*P*) à la fonction $x \mapsto z(x) = -f(-x)$ qui est évidemment aussi continue et croissante sur l'intervalle $[-b,-a]$. On en déduit que presque partout sur cet intervalle : a) $\overline{dz}^+(x) < +\infty$ b) $\overline{dz}^+(x) \le \underline{dz}^-(x)$. Or un retour élémentaire à la définition montre que $\overline{dz}^+(x) = \overline{df}^-(-x)$ et $\underline{dz}^-(x) = \underline{df}^+(-x)$. On en déduit donc que presque partout sur $[a,b]$: c) $\overline{df}^-(x) < +\infty$ et d) $\overline{df}^-(x) \le \underline{df}^+(x)$.

Comme une limite supérieure est, par définition même, plus grande que la limite inférieure, la confrontation de b) (pour f) et d) donne presque partout l'égalité des quatre nombres dérivés en x. Cette valeur commune est positive puisque f est supposée croissante et presque partout réelle à cause du a).

La fonction f est donc bien dérivable presque partout. Le lemme de Riesz va maintenant entrer en action pour établir la proposition (*P*).

Montrons d'abord que a) est vrai presque partout. Pour cela notons E l'ensemble des points où elle n'est pas vérifiée, c'est-à-dire tels que $\overline{df^+}(x) = +\infty$. Pour un tel réel x de $]a,b[$, et pour $C > 0$ réel donné, il existe alors un réel $t > x$ tel que $\dfrac{f(t)-f(x)}{t-x} > C$. On en déduit $f(t) - Ct > f(x) - Cx$. Ceci nous permet d'appliquer le lemme de Riesz à la fonction g définie par $u \mapsto f(u) - Cu$. On en déduit que E est inclus dans un ouvert $O = \bigcup_{k \in I}]a_k, b_k[$ tel que pour tout k : $g(b_k) \geq g(a_k)$, soit $f(b_k) - f(a_k) \geq C(b_k - a_k)$. La mesure de l'ouvert O est donc telle que : $|O| = \sum_{k \in I}(b_k - a_k) \leq \frac{1}{C}\sum_{k \in I}[f(b_k) - f(a_k)]$. Ici intervient enfin la croissance de f. Elle entraîne que la somme des variations élémentaires de f sur les intervalles disjoints composant O est majorée par $f(b) - f(a)$. Ainsi on a $|O| \leq \dfrac{f(b)-f(a)}{C}$. Comme C peut être choisi aussi grand que l'on veut, E peut toujours être inclus dans un ouvert de mesure arbitrairement petite. E est donc bien un ensemble négligeable.

Analysons maintenant b). Notons F l'ensemble des x pour lesquels $\overline{df^+}(x) > \underline{df^-}(x)$. On peut alors trouver deux nombres rationnels strictement positifs tels que $\overline{df^+}(x) > C > c > \underline{df^-}(x)$. En effet $\underline{df^-}(x)$ est ici un réel, vu la majoration stricte par $\overline{df^+}(x)$, et est positif vu la croissance de f. F est alors inclus dans la réunion des ensembles $F(c,C)$ constitués des x de $]a,b[$ tels que $\overline{df^+}(x) > C > c > \underline{df^-}(x)$. Comme cette réunion est indexée sur un ensemble au plus dénombrable (inclus dans $\mathbb{Q}\times\mathbb{Q}$), il suffit de montrer que chaque $F(c,C)$ est de mesure nulle pour conclure la négligeabilité de F.

Commençons par exploiter $\underline{df^-}(x) < c$. Vu la caractérisation des limites inférieures, il existe un réel t de $]a,b[$ tel que $t < x$ et $\dfrac{f(t)-f(x)}{t-x} < c$. On en déduit $f(t) - ct > f(x) - cx$.

La variante du critère de Riesz appliqué à la fonction continue $u \mapsto g(u) = f(u) - c.u$ nous dit alors que x appartient à un ouvert $O_1 = \bigcup_{k \in I}]\, a_k, b_k\, [$ tel que $g(b_k) \leq g(a_k)$ pour tout indice k.

Ceci se traduit par $c(b_k - a_k) \geq f(b_k) - f(a_k)$.

Considérons maintenant pour chaque indice k l'ensemble défini par : $E_k = \left\{ x \in]\, a_k, b_k\, [\text{ tels que } \overline{df^+} > C \right\}$. Pour un x de E_k il existe un t tel que $t > x$ et $\dfrac{f(t) - f(x)}{t - x} > C$. On en déduit que $f(t) - Ct > f(x) - Cx$. L'application du critère de Riesz nous dit alors que E_k est inclus dans un ouvert $U_k = \bigcup_{j \in I_k}]\, a_j^k, b_j^k\, [$, avec pour tout j : $f(b_j^k) - C.b_j^k \geq f(a_j^k) - C.a_j^k$. On en déduit : $f(b_j^k) - f(a_j^k) \geq C.(b_j^k - a_j^k)$.

Par sommation sur j on obtient, en utilisant la croissance de f : $|U_k| \leq \dfrac{1}{C}.[f(b_k) - f(a_k)] \leq \dfrac{c}{C}(b_k - a_k)$. Si on définit $O_2 = \bigcup_{k \in I} U_k$, on obtient un ouvert de mesure $|O_2| \leq \dfrac{c}{C}.|O_1|$.

Résumons la situation. On a mis en évidence un couple d'ouverts O_1, O_2 tel que $F(c, C) \subset O_2 \subset O_1$ et vérifiant $|O_2| \leq \dfrac{c}{C}.|O_1|$.

On peut reprendre maintenant la démarche effectuée sur chacun des intervalles ouverts constituant O_2. Ceci nous donnera par réunion un nouveau couple O_3, O_4 avec $F(c, C) \subset O_4 \subset O_3 \subset O_2 \subset O_1$ et tel que, vu l'additivité des mesures d'ouverts disjoints, on ait encore $|O_4| \leq \dfrac{c}{C}.|O_3|$, donc qui vérifie $|O_4| \leq (\dfrac{c}{C})^2.|O_1|$. Cette construction peut se répéter autant de fois que l'on veut et génère donc une suite double d'ouverts $n \mapsto (O_{2n}, O_{2n-1})$ contenant $F(c, C)$ et tels que pour tout n : $|O_{2n}| \leq (\dfrac{c}{C})^n |O_1|$.

Puisque $0 < \frac{c}{C} < 1$ on en déduit que la mesure de O_{2n} tend vers 0 et donc que $F(c,C)$ est bien négligeable, ce qui achève la démonstration.

Pour obtenir le théorème sans l'hypothèse de continuité, il est nécessaire de définir les fonctions dites de saut. Nous les présentons dans le problème qui suit qui aborde également la notion importante de fonctions à variations bornées.

4.3 **Problème 5.** *Fonctions de saut.*

Notations : On appelle subdivision de l'intervalle $[\,a,b\,]$ toute suite finie strictement croissante $(x_k)_{0\le k\le n}$, telle que $x_0 = a$ et $x_n = b$. On dira que la fonction numérique f est à variations bornées sur $[\,a,b\,]$ s'il existe un majorant réel de toutes les sommes $\sum_{k=0}^{k=n-1} |f(x_{k+1}) - f(x_k)|$ associées à des subdivisions quelconques de cet intervalle. On désignera alors par $Vf[a,b]$ la borne supérieure de ces sommes, appelée variation totale de f sur $[\,a,b\,]$.

1. Montrer que toute fonction monotone sur $[\,a,b\,]$ est à variations bornées.

2. Donner un exemple de fonction continue sur $[\,a,b\,]$ qui ne soit pas à variations bornées.

3. Soit c un élément de $]\,a,b\,[$. Etablir l'équivalence : f est à variations bornées sur $[\,a,b\,]$ si et seulement si f est à variations bornées sur $[\,a,c\,]$ et $[\,c,b\,]$. Vérifier aussi l'égalité : $Vf[a,b] = Vf[a,c] + Vf[c,b]$.

4. Etudiez la somme, le produit, le sup de deux fonctions à variations bornées.

5. Montrer que les fonctions à variations bornées ne sont autres que les différences de fonctions croissantes sur $[\,a,b\,]$. Utiliser la fonction $x \mapsto Vf[a,x]$.

6. Soit $n \mapsto d_n$ une suite injective d'éléments de $[\, a, b\,]$ et $n \mapsto (u_n, v_n)$ une suite double de réels telle que pour tout entier n on ait $(u_n, v_n) \neq (0,0)$ et $\sum_{n=0}^{n=\infty} |u_n| + |v_n| < +\infty$. On définit alors la fonction en escalier f_n par :

Si $x < d_n$ $f_n(x) = 0$; $f_n(d_n) = u_n$; et si $x > d_n$ $f_n(x) = u_n + v_n$. Montrer que la série $s(x) = \sum_{n=0}^{n=\infty} f_n(x)$ définit bien une fonction dite 'de saut' sur $[\, a, b\,]$. Montrer que s est à variations bornées et préciser ses points de discontinuité.

7. Montrer que toute fonction croissante sur $[\, a, b\,]$ se décompose de manière unique en somme d'une fonction continue avec une fonction de saut.

Corrigé.

1. Soit f croissante sur $[\, a, b\,]$. Pour toute subdivision $(x_k)_{0 \le k \le n}$ on a évidemment : $\sum_{k=0}^{k=n-1} |f(x_{k+1}) - f(x_k)| = \sum_{k=0}^{k=n-1} (f(x_{k+1}) - f(x_k)) = f(b) - f(a)$. La fonction f est donc bien à variations bornées et $Vf[a,b] = f(b) - f(a)$. Si f est décroissante il vient de même $Vf[a,b] = f(a) - f(b)$.

2. Il est clair qu'il faut chercher parmi les fonctions qui ne sont pas de classe C^1. En effet pour une telle fonction on aurait un majorant réel M de $\{|f'(x)| ; x \in [a,b]\}$ ce qui donnerait d'après l'égalité des accroissements finis appliqué sur chaque intervalle du partage : $|f(b_k) - f(a_k)| \le M(b_k - a_k)$. Ainsi on aurait f à variations bornées avec $Vf[a,b] \le M(b-a)$. Prenons donc un contre exemple classique : f définie sur $]0,1]$ par $f(x) = x \sin(\frac{1}{x})$ et prolongée par continuité en 0 par $f(0) = 0$, puisque $|f(x)| \le |x|$. Examinons la subdivision de $[0, 1\,]$ obtenue en intercalant entre $x_0 = 0$ et $x_n = 1$ les $n-1$ points $x_k = \dfrac{2}{[2(n-k)+1].\pi}$. On suppose $n \ge 3$. Vu le choix de ces points, $\sin(\frac{1}{x_k}) = (-1)^{n-k}$ va prendre alternativement les valeurs -1 et 1.

On en déduit pour tout k compris entre 1 et $n-2$, l'égalité suivante : $\left|f(x_{k+1})-f(x_k)\right|=\frac{2}{\pi}\left[\frac{1}{2(n-k-1)+1}+\frac{1}{2(n-k)+1}\right]$. Ceci nous donne après sommations : $\sum_{k=1}^{k=n-2}\left|f(x_{k+1})-f(x_k)\right|=\frac{2}{\pi}\left[2\sum_{q=2}^{q=n-2}\frac{1}{2q+1}+\frac{1}{2n-1}+\frac{1}{3}\right]$.

On en déduit $Vf[0,1]\geq\frac{4}{\pi}\sum_{q=2}^{q=n-2}\frac{1}{2q+1}$. La série de terme général $\frac{1}{2q+1}$ étant divergente, f ne peut être à variations bornées.

3. Supposons f à variations bornées sur $[a,b]$. Toute subdivision $(x_k)_{0\leq k\leq n}$ de $[a,c]$ se complète en une subdivision de $[a,b]$ en posant $x_{n+1}=b$. On a donc vu l'hypothèse : $\sum_{k=0}^{k=n-1}\left|f(x_{k+1})-f(x_k)\right|+\left|f(b)-f(x_n)\right|\leq Vf[a,b]$. La fonction f est donc à variations bornées sur $[a,c]$ et on a $Vf[a,c]\leq Vf[a,b]$. Réciproquement soit f à variations bornées sur $[a,c]$ et $[c,b]$ et considérons une subdivision $(x_k)_{0\leq k\leq n}$ de $[a,b]$.

_ Supposons qu'il existe un indice q tel que $x_q=c$.
Les deux suites $(x_k)_{0\leq k\leq q}$ et $(x_k)_{q\leq k\leq n}$ sont alors des subdivisions respectives des intervalles $[a,c]$ et $[c,b]$, ce qui permet de décomposer : $\sum_{k=0}^{k=n-1}\left|f(x_{k+1})-f(x_k)\right|=\sum_{k=0}^{k=q-1}\left|f(x_{k+1})-f(x_k)\right|+\sum_{k=q}^{k=n-1}\left|f(x_{k+1})-f(x_k)\right|$.

Vu l'hypothèse on en déduit : $\sum_{k=0}^{k=n-1}\left|f(x_{k+1})-f(x_k)\right|\leq Vf[a,c]+Vf[c,b]$

_ Si c ne fait pas partie des points du partage, il va exister un indice q tel que $x_q<c<x_{q+1}$. On considère alors la subdivision $(x'_k)_{0\leq k\leq n+1}$ obtenue en intercalant c dans les points de la subdivision initiale. Vu l'inégalité $\left|f(x_{q+1})-f(x_q)\right|\leq\left|f(x_{q+1})-f(c)\right|+\left|f(c)-f(x_q)\right|$, il est clair que $\sum_{k=0}^{k=n-1}\left|f(x_{k+1})-f(x_k)\right|\leq\sum_{k=0}^{k=n}\left|f(x'_{k+1})-f(x'_k)\right|$.

Donc, vu ce qui précède, on a : $\sum_{k=0}^{k=n-1} |f(x_{k+1}) - f(x_k)| \le Vf[a,c] + Vf[c,b]$.

La fonction f est bien à variations bornées sur $[a,b]$ et vérifie : $Vf[a,b] \le Vf[a,c] + Vf[c,b]$.

Utilisons maintenant la caractérisation des bornes supérieures. Pour tout $\varepsilon > 0$ on peut trouver deux subdivisions.

_ L'une $(y_k)_{0 \le k \le n}$ de $[a,c]$, telle que $Vf[a,c] - \varepsilon < \sum_{k=0}^{k=n-1} |f(y_{k+1}) - f(y_k)|$;

_ L'autre $(z_k)_{0 \le k \le m}$ de $[c,b]$, telle que $Vf[c,b] - \varepsilon < \sum_{k=0}^{k=m-1} |f(z_{k+1}) - f(z_k)|$;

On construit alors naturellement une subdivision de $[a,b]$ en 'réunissant' les points des deux partages ci-dessus. On pose : $\begin{cases} x_k = y_k & \text{si } 0 \le k \le n \\ x_k = z_{k-n} & \text{si } n < k \le n+m \end{cases}$.

On a de manière évidente :

$\sum_{k=0}^{k=n+m-1} |f(x_{k+1}) - f(x_k)| = \sum_{k=0}^{k=n-1} |f(y_{k+1}) - f(y_k)| + \sum_{k=0}^{k=m-1} |f(z_{k+1}) - f(z_k)|$. On en déduit avec ce qui précède : $Vf[a,c] + Vf[c,b] - 2\varepsilon < Vf[a,b]$, ceci pour tout $\varepsilon > 0$, ce qui nous donne l'autre inégalité $Vf[a,b] \ge Vf[a,c] + Vf[c,b]$ permettant de conclure vu l'inégalité obtenue plus haut : $Vf[a,b] = Vf[a,c] + Vf[c,b]$.

4. Soit f et g à variations bornées sur $[a,b]$ et $(x_k)_{0 \le k \le n}$ une subdivision de cet intervalle. On a évidemment vu l'inégalité du triangle:

$$\sum_{k=0}^{k=n-1} |(f+g)(x_{k+1}) - (f+g)(x_k)| \le \sum_{k=0}^{k=n-1} |f(x_{k+1}) - f(x_k)| + \sum_{k=0}^{k=n-1} |g(x_{k+1}) - g(x_k)|.$$

Ceci est majoré par $Vf[a,b] + Vg[a,b]$, indépendamment du partage. La somme $f+g$ est donc bien à variations bornées, et on a l'inégalité : $V(f+g)[a,b] \le Vf[a,b] + Vg[a,b]$.

_ Pour le produit, commençons par remarquer que toute fonction à variations bornées est trivialement bornée. En effet, pour x quelconque de $]a,b[$ on obtient, en considérant le partage trivial formé des 3 points a, x, b :

$|f(x)-f(a)|+|f(b)-f(x)|\leq Vf[a,b]$. Ainsi on a $|f(x)|\leq|f(a)|+Vf[a,b]$. On peut donc dire que sur $[a,b]$, f est majorée en valeur absolue par $|f(b)|+|f(a)|+Vf[a,b]$.

De la décomposition classique $\alpha u-\beta v=(\alpha-\beta)u+\beta(u-v)$ on déduit alors :

$$\sum_{k=0}^{k=n-1}|(f.g)(x_{k+1})-(f.g)(x_k)|\leq\sum_{k=0}^{k=n-1}|f(x_{k+1})-f(x_k)|.|g(x_{k+1})|+\sum_{k=0}^{k=n-1}|g(x_{k+1})-g(x_k)|.|f(x_k)|.$$

Si M représente un majorant commun des valeurs absolues de f et g sur $[a,b]$, on en déduit : $V(f.g)[a,b]\leq M(Vf[a,b]+Vg[a,b])$.

_ De $\big||f(x_{k+1})|-|f(x_k)|\big|\leq|f(x_{k+1})-f(x_k)|$ on déduit facilement que la valeur absolue d'une fonction à variations bornées est aussi à variations bornées.

De là il vient aussitôt que si f et g à variations bornées sur $[a,b]$, alors : $f^+=\sup(f,0)=\dfrac{f+|f|}{2}$, $f^-=-\inf(f,0)=\dfrac{|f|-f}{2}$, ainsi que les fonctions $\sup(f,g)=g+(f-g)^+$ et $\inf(f,g)=g-(f-g)^-$ sont aussi à variations bornées.

5. D'après les questions 1 et 4 on peut conclure que la différence de deux fonctions croissantes est à variations bornées.

Réciproquement, soit f à variations bornées sur $[a,b]$. Ecrivons pour tout x de cet intervalle : $f(x)=Vf[a,x]-(Vf[a,x]-f(x))$.

_ La fonction $x\mapsto f_1(x)=Vf[a,x]$ est croissante sur $[a,b]$, ceci d'après la question 3.

_ La fonction $x\mapsto f_2(x)=Vf[a,x]-f(x)$ est également croissante sur $[a,b]$. En effet pour $x<y$ on a $f_2(y)-f_2(x)=Vf[x,y]-[f(y)-f(x)]$, toujours d'après la question 3. Or par définition même de la variation totale : $f(y)-f(x)\leq|f(y)-f(x)|\leq Vf[x,y]$. Ainsi on a bien $f_2(y)-f_2(x)\geq 0$.

6. Pour tout entier n et tout x de $[a,b]$: $|f_n(x)|\leq|u_n|+|v_n|$. Or on suppose $\sum_{n=0}^{n=\infty}|u_n|+|v_n|<+\infty$. La convergence de la série est donc normale et par suite uniforme sur l'intervalle en question. La fonction de saut s est donc

parfaitement définie sur $[a,b]$ et est réglée en tant que limite uniforme de fonctions réglées. Elle est continue en tout réel n'appartenant pas à $D=\{d_n\,;n\in\mathbb{N}\}$ puisque chaque f_n est continue sur $[a,b]-\{d_n\}$. Etudions les sauts de s en un des points de D, soit d_n. La fonction $k\mapsto d_k$ étant supposée injective, la fonction $x\mapsto\sum_{k\neq n} f_k(x)$ sera continue en d_n, vu la convergence normale et la continuité en ce point des f_k pour $k\neq n$. Les sauts de s en d_n sont donc exactement ceux de f_n en ce point. Plus précisément, en adoptant les notations usuelles pour les limites à droite et à gauche respectives : : $s^+(d_n)-s(d_n)=v_n$ et $s(d_n)-s^-(d_n)=u_n$.

Montrons que s est à variations bornées. Pour toute subdivision $(x_k)_{0\le k\le n}$ de $[a,b]$, et pour chaque indice $k\geq n-1$ on peut écrire : $\left|s(x_{k+1})-s(x_k)\right|=\left|\sum_{j=0}^{j=\infty} f_j(x_{k+1})-f_j(x_k)\right|$, soit vu la convergence normale : $\left|s(x_{k+1})-s(x_k)\right|\leq\sum_{j=0}^{j=\infty}\left|f_j(x_{k+1})-f_j(x_k)\right|$. Par sommation finie sur k et après regroupements : $\sum_{k=0}^{k=n-1}\left|s(x_{k+1})-s(x_k)\right|\leq\sum_{j=0}^{j=\infty}\sum_{k=0}^{k=n-1}\left|f_j(x_{k+1})-f_j(x_k)\right|$

Or on a facilement : $Vf_j[a,b]=Vf_j[a,d_j]+Vf_j[d_j,b]=\left|u_j\right|+\left|v_j\right|$. On en déduit donc : $\sum_{k=0}^{k=n-1}\left|s(x_{k+1})-s(x_k)\right|\leq\sum_{j=0}^{j=\infty}\left|u_j\right|+\left|v_j\right|$. La fonction s est bien à variations bornées.

7. Soit f croissante sur $[a,b]$. On sait que pour toute fonction réglée, l'ensemble des points de discontinuité sur un intervalle fermé borné est au plus dénombrable. Plaçons nous dans le cas où celui correspondant à f est infini et indexons le de manière injective par $D=\{d_n\,;n\in\mathbb{N}\}$. On veut écrire f sous la forme $f=s+g$ avec g continue et s fonction de saut. L'analyse de la question 6 nous a montré qu'une fonction de saut est entièrement déterminée par l'ensemble de ses points de discontinuité et des

sauts en ces points. En effet la connaissance de ces éléments décide à une permutation prés du choix de (d_n,u_n,v_n) permettant de créer s.

La convergence absolue entraînant la convergence commutative, la somme de la série ne dépendra donc pas de la façon d'ordonner les points de D. La seule possibilité pour s est donc de prendre pour ensemble de discontinuité celui de f, et de choisir pour chaque entier n : $u_n = f(d_n) - f^-(d_n)$ et $v_n = f^+(d_n) - f(d_n)$. Il nous reste à vérifier la condition de convergence : $\sum_{n=0}^{n=\infty} |u_n| + |v_n| < +\infty$. Pour cela, considérons une suite finie strictement croissante de points de $[a,b]$, soit $(x_k)_{1\le k\le q}$. On a évidemment, par croissance de f sur $[a,b]$: $\sum_{k=1}^{k=q-1} |f(x_k) - f^-(x_k)| = \sum_{k=1}^{k=q-1} f(x_k) - f^-(x_k)$. Or toujours par croissance de f : pour tout indice $k \ge 2$ on a $f(x_{k-1}) \le f^-(x_k)$. Donc par sommations :

$$\sum_{k=1}^{k=q-1} |f(x_k) - f^-(x_k)| \le f(x_1) - f^-(x_1) + \sum_{k=2}^{k=q-1} f(x_k) - f(x_{k-1}) \le f(x_{q-1}) - f^-(x_1).$$

Il est alors clair que pour tout entier q : $\sum_{n=0}^{n=q} |u_n| \le f(b) - f(a)$. (Il suffit d'ordonner de façon strictement croissante les points de discontinuité intervenant en nombre fini ici, puisque $u_n = f(d_n) - f^-(d_n)$. On vérifie de même que $\sum_{n=0}^{n=q} |v_n| \le f(b) - f(a)$. La fonction s est donc bien une fonction de saut. Il reste à vérifier que $g = f - s$ est continue sur $[a,b]$, ce qui est évident vu que les sauts de s coïncident exactement avec les sauts de f.

Cette ana lyse des fonctions de saut va maintenant nous permettre d'étendre le théorème de dérivation presque partout de Lebesgue au cas général d'une fonction monotone sur un intervalle.

Extension du théorème de Lebesgue.

On a vu précédemment que toute fonction croissante et continue sur $[a,b]$ était dérivable presque partout sur cet intervalle. A la lumière de la décomposition obtenue dans la dernière question du problème, on pourra se passer de la continuité si on arrive à prouver qu'une fonction de saut croissante est aussi dérivable presque partout. Voici un schéma décrivant les grandes lignes d'une preuve de ce résultat.

_ On commence par établir le lemme suivant :

> Si $(f_n)_{n\in\mathbb{N}}$ désigne une suite de fonctions continues croissantes sur $[a,b]$ convergent vers une fonction s continue sur cet intervalle, alors on a presque partout $s'(x)=\sum_{n=0}^{n=\infty} f_n'(x)$.

Il est clair que s est croissante donc dérivable presque partout car supposée continue. Posons pour tout entier n : $s_n(x)=\sum_{k=0}^{k=n} f_k(x)$. Les fonctions f_k étant croissantes, on a pour tout entier n et tout $h\neq 0$ la majoration évidente : $\sum_{k=0}^{k=n}\frac{f_k(x+h)-f_k(x)}{h}\leq\sum_{k=0}^{k=\infty}\frac{f_k(x+h)-f_k(x)}{h}$. On a donc presque partout pour tout n : $s_n'(x)\leq s_{n+1}'\leq s'(x)$. La série $\sum_{n=0}^{n=\infty} f_n'(x)$ de réels positifs majorée presque partout converge donc presque partout. Reste à montrer que presque partout sa somme est bien $s'(x)$. Pour cela, utilisons la convergence de $s_n(b)$ vers $s(b)$. Elle permet suivant un procédé d'extraction classique, de trouver une sous suite $k\mapsto n_k$ telle que pour tout k on ait $0\leq s(b)-s_{n_k}(b)<\frac{1}{2^k}$. De là découle la convergence normale de $\sum_{k=0}^{k=\infty}[s(x)-s_{n_k}(x)]$ car vu la croissance des f_n, on a sur $[a,b]$: $s(x)-s_{n_k}(x)\leq s(b)-s_{n_k}(b)$. Cette série converge donc uniformément vers une fonction continue croissante.

Il s'ensuit d'après le raisonnement vu plus haut, que $\sum_{k=0}^{k=\infty}[s'(x)-s'_{n_k}(x)]$ converge presque partout. On en déduit donc que presque partout $s'(x)=\lim_{k\to\infty} s'_{n_k}(x)$, puis que, toujours presque partout, on a $s'(x)=\lim_{n\to\infty} s'_n(x)$ vu la croissance de la suite $n\mapsto s'_n(x)$.

_ Ce préliminaire obtenu, considérons une fonction de saut croissante *s*, représentée avec les notations de la question 6. Pour $0<\varepsilon<1$ fixé on définit $f_{(n,\varepsilon)}$ sur $[a-1,b]$ à partir de f_n par :

Si $x<d_n-\frac{\varepsilon}{2^n}: f_{(n,\varepsilon)}(x)=0$; Si $x\geq d_n$: $f_{(n,\varepsilon)}(x)=u_n+v_n$. Enfin, sur l'intervalle $[d_n-\frac{\varepsilon}{2^n},d_n]$ on choisit $f_{(\varepsilon,n)}$ affine, telle que $f_{(n,\varepsilon)}(d_n-\frac{\varepsilon}{2^n})=0$ et $f_{(n,\varepsilon)}(d_n)=u_n+v_n$. On a donc évidemment par construction, $f_n\leq f_{(n,\varepsilon)}$ et $f_{(\varepsilon,n)}$ continue croissante sur $[a-1,b]$.

De plus si on note $O_\varepsilon=\bigcup_{n\in\mathbf{N}}]\,d_n-\frac{\varepsilon}{2^n},d_n\,[$ on obtient un ouvert de mesure inférieure à 2ε tel que f_n coïncide avec $f_{(\varepsilon,n)}$ à l'extérieur de cet ouvert pour tout *n*.

Remarquons également la convergence normale de la série $s_\varepsilon(x)=\sum_{n=0}^{n=\infty} f_{(n,\varepsilon)}(x)$, ceci simplement car $f_{(\varepsilon,n)}(x)\leq u_n+v_n$. (Pour une fonction croissante les sauts sont positifs).

Le lemme précédent s'applique donc ici et assure presque partout l'égalité $s'_\varepsilon(x)=\sum_{n=0}^{n=\infty} f'_{(n,\varepsilon)}(x)$. Comme à l'extérieur de l'ouvert O_ε on a évidemment les $f'_{(n,\varepsilon)}(x)$ nuls, il vient presque partout à l'extérieur de O_ε, $s'_\varepsilon(x)=0$. Il reste à remarquer que pour $h>0$ et toujours à l'extérieur de O_ε on a l'encadrement : $0\leq\frac{s(x+h)-s(x)}{h}\leq\frac{s_\varepsilon(x+h)-s_\varepsilon(x)}{h}$. On en déduit que presque partout à l'extérieur de O_ε, *s* a une dérivée à droite nulle.

On effectue alors un schéma analogue en basculant le raccordement affine 'à droite de d_n'. On en déduit qu'à l'extérieur d'un ouvert de mesure inférieure à 4ε, s est dérivable presque partout avec $s'(x)=0$. Comme ε est pris arbitraire, on a bien prouvé que s était dérivable presque partout, ce qui achève la démonstration.

Chapitre 5

EQUATIONS ET INEGALITES.

5.1 Equation d'Euler Lagrange.

5.1.1 Une fonctionnelle intégrale.

On note dans toute la suite P_ε un pavé fermé de $\mathbb{R}^3$ du type $P_\varepsilon = [a,b]\times[y_1+\varepsilon, y_2-\varepsilon]\times[m_1+\varepsilon, m_2-\varepsilon]$ avec ε réel positif ou nul. On désigne par f une fonction à valeurs réelles, de classe C^2 sur le pavé P_0. $A=(a,\alpha)$ et $B=(b,\beta)$ sont deux points fixes avec α et β dans l'intervalle $]\,y_1, y_2\,[$. Enfin on note $\mathcal{C}$ l'ensemble des fonctions y de classe C^2 sur $[\,a, b\,]$ à valeurs dans $\mathbb{R}$ satisfaisant aux conditions $y(a)=\alpha$; $y(b)=\beta$ et telle que $\varphi_y(x)=(x, y(x), y'(x))$ appartienne à P_0 pour tout x de $[\,a, b\,]$.

On peut alors introduire une fonctionnelle notée l, définie sur $\mathcal{C}$ et à valeurs réelles, qui à tout élément y de $\mathcal{C}$ associe le réel $l(y) = \int_a^b f(x, y(x), y'(x))dx$

On se propose d'établir une condition nécessaire pour que l admette un extremum en une fonction y telle qu'il existe un pavé P_ε avec $\varepsilon > 0$ et pour tout x de $[\,a, b\,]$, $\varphi_y(x)=(x, y(x), y'(x))$ appartient à P_ε. Dans toute la suite y désigne donc une telle fonction minimalisant ou maximalisant l sur $\mathcal{C}$.

5.1.2 Etude de l au voisinage de y.

On note δ une fonction à valeurs réelles, de classe C^2 sur $[\,a, b\,]$ et telle que $\delta(a)=\delta(b)=0$. On définit alors pour t réel $y_t(x)=y(x)+t\delta(x)$. Vu les hypothèses sur y, si on prend t suffisamment près de 0, la quantité $\varphi_{y_t}(x)=(x, y_t(x), y_t'(x))$ appartiendra à P_0 pour tout x de $[\,a, b\,]$. En effet vu que δ est de classe C^1 sur $[\,a, b\,]$, on pourra majorer sur cet intervalle les valeurs absolues de δ et de sa dérivée par une même constante $k > 0$.

On en déduit sur cet intervalle : $y_1 + \varepsilon - |t|k \le y_t(x) \le y_2 - \varepsilon + |t|k$ et $m_1 + \varepsilon - |t|k \le y_t'(x) \le m_2 - \varepsilon + |t|k$. Il suffit donc de choisir $|t| < \dfrac{\varepsilon}{k}$.

Remarquons que de plus y_t réalise les conditions de 'passage' aux points A et B car $y_t(a) = y(a) + t\delta(a) = \alpha + t.0 = \alpha$. De même en b puisque $\delta(b) = 0$.

La fonction $t \mapsto g(t) = l(y_t)$ est donc bien définie sur un voisinage centré de 0, puisque l est définie sur $\mathcal{C}$. On en déduit qu'elle présente un extremum en 0. Sous réserve de dérivation à l'origine, on aura donc $g'(0) = 0$.

5.1.3 Equation d'Euler.

Le théorème de dérivation sous l'intégrale s'applique sans problème ici puisque l'intervalle d'intégration est compact et que la fonction f est supposée de classe C^2 sur P_0.

En effet si on pose : $F(t,x) = f(x, y(x) + t\delta(x), y'(x) + t\delta'(x))$, on aura par utilisation des dérivées partielles de f :

$\dfrac{\partial F}{\partial t}(x,t) = \delta(x)\dfrac{\partial f}{\partial x_2}(\varphi_{y_t}(x)) + \delta'(x)\dfrac{\partial f}{\partial x_3}(\varphi_{y_t}(x))$ qui définit une fonction continue du couple (x,t) sur $[\,a,b\,]\times]-\dfrac{\varepsilon}{k},\dfrac{\varepsilon}{k}[$.

Ainsi on a bien : $0 = g'(0) = \displaystyle\int_a^b \left(\delta(x)\frac{\partial f}{\partial x_2}(\varphi_y(x)) + \delta'(x)\frac{\partial f}{\partial x_3}(\varphi_y(x)) \right) dx$.

Transformons alors par parties l'intégrale $J = \displaystyle\int_a^b \delta'(x)\frac{\partial f}{\partial x_3}(\varphi_y(x))dx$. On a facilement : $J = \left[\delta(x)\dfrac{\partial f}{\partial x_3}(\varphi_y(x)) \right]_a^b - \displaystyle\int_a^b \delta(x)\frac{d}{dx}\left(\frac{\partial f}{\partial x_3}(\varphi_y(x)) \right) dx$.

Le terme intégré s'annule vu les conditions $\delta(a)=\delta(b)=0$. L'annulation de $g'(0)$ s'écrit alors sous la forme : $\int_a^b \delta(x)h(x)dx=0$ en posant $h(x)=\frac{\partial f}{\partial x_2}(\varphi_y(x))-\frac{d}{dx}\left(\frac{\partial f}{\partial x_3}(\varphi_y(x))\right)$.

La fonction *f* étant supposée de classe C^2 sur le pavé P_0, on en déduit que *h* est une fonction continue sur $[a,b]$. Elle est donc limite uniforme d'une suite $n\mapsto p_n(x)$ de fonctions polynômes sur cet intervalle. Pour tout entier *n* considérons $\delta_n(x)=(x-a)(b-x)p_n(x)$. Elle satisfait bien aux hypothèses des fonctions de type 'δ' définies dans 5.1.2. On en déduit que pour tout entier *n :* $\int_a^b \delta_n(x)h(x)dx=0$.

On en déduit en passant à la limite et vu la convergence uniforme de la suite $n\mapsto \delta_n(x)h(x)$, l'égalité $\int_a^b (x-a)(b-x)h^2(x)dx=0$. La fonction continue positive $x\mapsto (x-a)(b-x)h^2(x)$ est donc nulle sur $[a,b]$. On en déduit la nullité de *h* sur $]a,b[$ puis aux bornes vu la continuité de la fonction *h.*

Ceci donne l'équation d'Euler Lagrange : $\frac{\partial f}{\partial x_2}(\varphi_y(x))-\frac{d}{dx}\left(\frac{\partial f}{\partial x_3}(\varphi_y(x))\right)=0$

On la retient plus classiquement en notant abusivement $\frac{\partial f}{\partial y}$ et $\frac{\partial f}{\partial y'}$ les dérivées par rapport aux deuxièmes et troisièmes variables de *f.* L'équation d'Euler prend alors la forme :

$$\boxed{\frac{\partial f}{\partial y}(x,y(x),y'(x))=\frac{d}{dx}\left(\frac{\partial f}{\partial y'}(x,y(x),y'(x))\right)}$$

Si on explicite la dérivée par rapport à *x*, on obtient la forme dite développée, s'écrivant encore abusivement pour simplifier :

$$\boxed{\frac{\partial f}{\partial y}=\frac{\partial^2 f}{\partial x\partial y'}+y'\frac{\partial^2 f}{\partial y\partial y'}+y''\frac{\partial^2 f}{\partial y'^2}}.$$

5.1.4 Un premier exemple.

Quel est le plus court chemin reliant les deux points du plan de coordonnées (a, α) et (b, β). Le sens physique nous dit bien sûr qu'il s'agît du segment joignant ces points. L'équation d'Euler justifie cette intuition. Si on considère en effet un chemin joignant les extrémités, modélisé par une fonction y de classe C^2 sur $[a, b]$, la longueur de la courbe est explicitée par l'intégrale $l(y) = \int_a^b \sqrt{1+[y'(x)]^2}dx$. Elle sera donc extrémale si $\frac{\partial f}{\partial y} = \frac{d}{dx}(\frac{\partial f}{\partial y'})$ avec ici $f(x, y, y') = \sqrt{1+[y']^2}$. Comme f ne dépend pas de y, l'équation d'Euler se résume ici à $\frac{y'(x)}{\sqrt{1+[y'(x)]^2}} = C$, avec C constante. On en déduit $(y'(x))^2(1-C^2) = C^2$ dont on tire $(y')^2$ constant , puis y' constant vu la continuité de cette fonction dérivée. La fonction y est donc bien affine sur le segment $[a,b]$.

5.1.5 La mécanique de Lagrange.

L'équation d'Euler a une importance fondamentale dans la mécanique des systèmes à un degré de liberté, c'est-à-dire tel que la loi horaire $t \mapsto x(t)$ soit régie par une équation différentielle du type $\frac{d^2x}{dt^2} = f(x)$. Si on définit les énergies cinétique et potentielle par respectivement $T = \frac{1}{2}(x'(t))^2$; $U(x) = -\int_{x_0}^{x} f(u)du$; (avec x_0 arbitraire), l'équation différentielle a alors pour conséquence la conservation de l'énergie dite totale $E = T + U$.

En effet : $\frac{dE}{dt} = x'(t)x''(t) - x'(t)f(x(t)) = 0$.

Si on définit maintenant le Lagrangien du système comme étant la quantité $L = T - U$, et l'action entre deux positions $A(t_1, x_1)$; $B(t_2, x_2)$ comme la fonctionnelle $\int_{t_1}^{t_2} L(t,x(t),x'(t))dt$, l'équation d'Euler- Lagrange montre que le mouvement réel du système correspond avec une extrémale de cette action.

En effet $\frac{\partial L}{\partial x} = -\frac{\partial U}{\partial x} = f(x)$ car l'énergie cinétique ne dépend pas ici explicitement de la position x , et $\frac{\partial L}{\partial x'} = x'$.

Ainsi l'équation régissant le mouvement, soit : $\frac{d^2x}{dt^2} = f(x)$, n'est autre que l'équation d'Euler Lagrange $\frac{d}{dt}\frac{\partial L}{\partial x'} = \frac{\partial L}{\partial x}$.

Ce résultat fondamental est appelé principe de moindre action de Hamilton. Dans un grand nombre de cas en effet les extrémales de l'action sont en fait minimales.
L'intérêt de ce principe est qu'il se généralise à des systèmes plus complexes dont la position est régie par des coordonnées dites généralisées : $q_1(t),....,q_n(t)$. On adopte dans ce cas la notation où le point sur une variable signifie sa dérivée par rapport au temps, ce qui permet d'écrire le Lagrangien sous la forme $L(q_1(t),...,q_n(t), \dot{q}_1(t),...,\dot{q}_n(t))$, les équations de Lagrange prenant alors la forme condensée : $\boxed{\frac{d}{dt}(\frac{\partial L}{\partial \dot{q}_i}) = \frac{\partial L}{\partial q_i}}$.

5.1.6 La Brachystochrone.

Un point matériel soumis seulement au champ de pesanteur joint deux points d'un plan vertical en se déplaçant sur une courbe de ce plan. On néglige les frottements sur ce support. Comment choisir la forme de la courbe pour que le temps de parcours soit minimal ?
Modélisons le problème en choisissant $A = (0,1)$ et $B(1,0)$ au sol. La courbe support représente une fonction $x \to y(x)$ supposée de classe C^2 sur $[0,1]$ avec $y(0) = 1$ et $y(1) = 0$. La loi horaire de l'abscisse du point matériel est notée $t \mapsto x(t)$.

Le mobile est donc décrit par $t \mapsto M(t)\begin{pmatrix} x(t) \\ y(x(t)) \end{pmatrix}$, ce qui donne un vecteur dérivée : $\dfrac{d\overrightarrow{OM}}{dt}\begin{pmatrix} x'(t) \\ x'(t)y'(x(t)) \end{pmatrix}$

La vitesse instantanée s'explicite par $v = |x'(t)|\sqrt{1+[y'(x(t))]^2}$.

Notons m la masse du point . A l'instant initial $t = 0$ l'énergie cinétique est nulle et la potentielle vaut mg . A un instant t quelconque , l'énergie potentielle est $mg.y(x(t))$ et la cinétique vaut $\dfrac{1}{2}mv^2$.

La conservation totale de l'énergie nous donne $mg = \dfrac{1}{2}mv^2 + m.g.y(x(t))$.

On en déduit l'équation $[x'(t)]^2(1+[y'(x(t))]^2) = 2g(1-y(x(t))$.

On suppose que le mobile ne 'recule jamais' en allant de A vers son point de chute, ce qui est assez naturel et se traduit par $x'(t) \geq 0$. On a alors $\dfrac{dx}{dt} = \sqrt{\dfrac{2g[1-y(x(t)]}{1+[y'(x(t)]^2}}$. Par réciprocité on obtient pour t fonction de x : $\dfrac{dt}{dx} = \sqrt{\dfrac{1+[y'(x(t)]^2}{2g[1-y(x(t)]}}$, ceci pour t distinct de 0. Le temps du parcours est donc donné par l'intégrale convergente : $T = \dfrac{1}{\sqrt{2g}}\displaystyle\int_0^1 \sqrt{\dfrac{1+[y'(x)]^2}{1-y(x)}}dx$

Appliquons l'équation d'Euler Lagrange pour minimiser cette fonctionnelle de y. On a ici $f(x,y,y') = [1+(y')^2]^{\frac{1}{2}} \times [1-y]^{\frac{-1}{2}}$.

Ainsi : $\dfrac{\partial f}{\partial y'} = y'[1+(y')^2]^{\frac{-1}{2}} \times [1-y]^{\frac{-1}{2}}$, ce qui donne par dérivation : $\dfrac{d}{dx}\dfrac{\partial f}{\partial y'} = y'[1+(y')^2]^{\frac{-1}{2}} \times [1-y]^{\frac{-1}{2}} \times \left(\dfrac{y''}{y'} - y'y''(1+(y')^2)^{-1} + \dfrac{1}{2}y'(1-y)^{-1}\right)$, qui se simplifie en : $\dfrac{d}{dx}\dfrac{\partial f}{\partial y'} = [1+(y')^2]^{\frac{-3}{2}} \times [1-y]^{\frac{-3}{2}} \times \left(y''(1-y) + \dfrac{1}{2}(y')^2[1+(y')^2]\right)$

$\frac{\partial f}{\partial y} = [1+(y')^2]^{\frac{1}{2}} \times [1-y]^{\frac{-3}{2}} \times \frac{1}{2}$. L'égalité $\frac{\partial f}{\partial y} = \frac{d}{dx}(\frac{\partial f}{\partial y'})$ se traduit donc ici par l'équation différentielle d'ordre 2 : $\boxed{(y')^2 + 1 = 2(1-y)y''}$.

Celle-ci se résout facilement par séparation des variables, si on la met sous la forme $\frac{2y'y''}{1+(y')^2} = \frac{y'}{1-y}$. On en déduit $\ln(1+(y')^2) = -\ln(1-y) + D$, avec D constante, ce qui nous donne $\frac{C}{1-y} = 1+(y')^2$ avec C constante.

On en tire $\frac{dy}{dx} = \pm\sqrt{\frac{C-(1-y)}{1-y}}$, ou encore en séparant à nouveau les variables : $\sqrt{\frac{1-y}{C-(1-y)}}dy = \pm dx$

Intégrons alors $\int\sqrt{\frac{1-y}{C-(1-y)}}dy$ grâce au changement de variable $1-y = C\cos^2(\theta)$. On obtient facilement $\int 2C\cos^2(\theta)d\theta = C(\frac{\sin(2\theta)}{2} + \theta) + D$ avec D constante arbitraire.

En changeant θ en $\frac{\theta}{2}$ et C en $2A$ on obtient un paramétrage de la courbe support du type : $\begin{cases} x = \pm[A(\sin(\theta)+\theta)+B] \\ y = 1 - A[1+\cos(\theta)] \end{cases}$

Il reste à ajuster les paramètres pour que la courbe joigne bien les points en question. Pour $\theta = \pi$ on a $y = 1$ et $x = 0$ si $B = -A\pi$. Il reste à trouver un angle α assurant l'arrivée au sol, ce qui se traduit si on retient les abscisses positives par $A = \frac{1}{1+\cos(\alpha)}$ et $A = \frac{1}{\sin(\alpha)+\alpha-\pi}$.

On est donc conduit à l'équation $\sin(\alpha) + \alpha - \cos(\alpha) = \pi + 1$.

On montre facilement par le théorème des valeurs intermédiaires qu'elle admet une solution. Voici une simulation MAPLE et une représentation de cette courbe appelée brachystochrone.

```
> evalf(fsolve(Pi+1+z+sin(z)+cos(z)=0,z)/Pi);
-1.767766992

> evalf(3*Pi/2);
4.712388981

> alph:=fsolve(sin(z)+z-cos(z)=Pi+1);
alph := 5.553603798

> A:=1/(1+cos(alph));
A := 0.5729170374

> x:=t->A*(sin(t)+t-Pi);
x := t -> A (sin(t) + t - π)

> y:=t->1-A*(1+cos(t));
y := t -> 1 - A (1 + cos(t))

> plot([x(t),y(t),t=Pi..alph]);
```

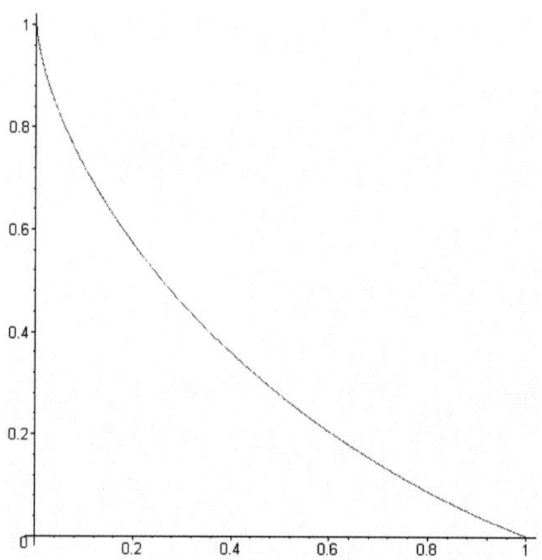

5.2 Fonctions convexes.

5.2.1 Parties convexes du plan.

Une partie F de $\mathbb{R}\times\mathbb{R}$ est dite convexe si et seulement si tout segment joignant deux points quelconques de F est toujours inclus entièrement dans F. Algébriquement cela se traduira donc : Si (a_1,b_1) et (a_2,b_2) sont deux points de F, alors pour tout réel t appartenant à l'intervalle $[0,1]$, on a : $(ta_1+(1-t)a_2\ ,tb_1+(1-t)b_2\ )\in F$.

Il est clair que l'intersection d'une famille quelconque de parties convexes est encore convexe. Ceci permet de définir l'enveloppe convexe d'un système donné S de points comme l'intersection de toutes les parties convexes contenant S. C'est donc en quelque sorte le 'plus petit ' convexe du plan contenant ce système. Si $S=(A_1,....,A_n)$ est un système fini, on montre facilement que cette enveloppe est l'ensemble $G^+(S)$ formé de tous les barycentres possibles des points de ce système, affectés de coefficients positifs. Cela repose essentiellement sur la propriété de barycentrage par blocs appelée aussi 'associativité' du barycentre et sur la remarque que le segment est bien l'ensemble des barycentre de ses extrémités coefficientées de manière positive. $\lambda\overrightarrow{MA}+\mu\overrightarrow{MB}=\vec{0}\Leftrightarrow\overrightarrow{AM}=t\overrightarrow{AB}$ avec $t=\dfrac{\mu}{\lambda+\mu}$.

_ Comme tout élément de $G^+(S)$ peut être construit séquentiellement par barycentres successifs de deux points, il est déjà clair que $G^+(S)$ est inclus dans tout convexe contenant S. Il nous reste à montrer que $G^+(S)$ est lui-même un convexe pour assurer qu'il constitue bien l'enveloppe en question.

_ Pour cela, considérons deux points de $G^+(S)$, soit G_1 barycentre de $(A_1,x_1)\,;....;(A_n,x_n)$ et G_2 barycentre de $(A_1,y_1)\,;....;(A_n,y_n)$, tous les coefficients étant supposés positifs. Par normalisation et vu l'homogénéité du barycentre, on peut en fait se ramener au cas où la somme des coefficients de chacun des deux systèmes égale 1. Un point quelconque M du segment $[G_1,G_2]$ est barycentre de $(G_1,t)\,;(G_2,1-t)$, avec $t\in[0,1]$.

Or par homogénéité du barycentre, et si M est distinct des extrémités du segment, on a encore : G_1 barycentre de (A_1, tx_1) ;....; (A_n, tx_n) et G_2 barycentre de $(A_1, (1-t)y_1)$;....; $(A_n, (1-t)y_n)$. D'où par associativité : M barycentre de $(A_1, tx_1 + (1-t)y_1)$;....; $(A_n, tx_n + (1-t)y_n)$. Ce point est donc bien élément de $G^+(S)$ puisque tous les coefficients $tx_k + (1-t)y_k$ sont positifs ou nuls.

Cette notion permet par exemple d'expliquer clairement pourquoi les transformations affines planes bijectives transforment un triangle en un triangle, un trapèze convexe en un trapèze convexe, etc… En effet toute application affine *f* 'conservant' le barycentre, il est clair que l'image par *f* de l'enveloppe convexe $G^+(S)$ n'est autre que l'enveloppe convexe $G^+(S')$ du système des images par *f*, soit $S' = (f(A_1),...., f(A_n))$.

5.2.2 Fonctions convexes.

Dans toute la suite on désigne par I un intervalle de R.

Définitions premières.

Une fonction f à valeurs réelles définie sur I sera dite convexe sur I si et seulement si l'ensemble $Ef = \{ (x,y) \text{ tel que } x \in I \text{ et } y \geq f(x) \}$ est une partie convexe du plan. La partie Ef est appelée épigraphe de *f*, (formée des points 'au dessus ' du graphe de *f*).
On dira que *f* est concave sur I si son opposé est convexe.

Commençons par vérifier que la convexité équivaut à la condition suivante :

(C) : $\boxed{\forall a \in I\ \forall b \in I\ \forall t \in [0,1]\quad f(ta + (1-t)b) \leq tf(a) + (1-t)f(b)}$

_ C'est évidemment une condition nécessaire car les points $A = (a, f(a))$ et $B = (b, f(b))$ étant éléments de l'épigraphe, la convexité de celui-ci entraînera l'appartenance à Ef du barycentre M du système (A, t) ; $(B, 1-t)$.
Or le point $M = tA + (1-t)B$ a pour coordonnées $x = ta + (1-t)b$ et $y = tf(a) + (1-t)f(b)$. Ainsi $M \in Ef \Rightarrow y \geq f(x)$, ce qui traduit en fait la condition (C) .

_ Réciproquement supposons (C) réalisée et examinons un point sur le segment joignant deux points de l'épigraphe de *f*, soit $M = tA + (1-t)B$ avec cette fois $A = (a, y_1)$ et $B = (b, y_2)$ et bien sûr encore $t \in [0,1]$. Ici *M* a pour coordonnées : $x = ta + (1-t)b$ et $y = ty_1 + (1-t)y_2$.

D'après (C) : $f(x) \le tf(a) + (1-t)f(b)$. Or $f(a) \le y_1$ et $f(b) \le y_2$ par appartenance de *A* et *B* à l'épigraphe. Comme $t \in [0,1]$, on en déduit $f(x) \le tf(a) + (1-t)f(b) \le ty_1 + (1-t)y_2$. Ainsi $f(x) \le y$, ce qui assure $M \in E_f$. La condition (C) est donc suffisante pour la convexité de l'épigraphe de *f*. On remarquera que géométriquement la condition (C) se traduit en disant que la courbe représentant *f* sur le segment $[A, B]$ est au dessous de la corde joignant les deux extrémités *A* et *B*.

Inégalité de Jensen. De la condition (C) on déduit facilement par récurrence sur *n* l'inégalité plus générale dite de Jensen, soit : pour tout système $(a_1, ..., a_n)$ d'éléments de *I* et tout système $(t_1, ..., t_n)$ de réels de $[0,1]$ tels que $t_1 + ... + t_n = 1$ on a :

$$\boxed{f(t_1 a_1 + ... + t_n a_n) \le t_1 f(a_1) + ... + t_n f(a_n)}$$

Pour le passage de n à $n+1$, on introduit $b = \dfrac{t_1 a_1 + ... + t_n a_n}{s}$ avec $s = t_1 + ... + t_n$. On a alors d'après (C) :

$f(t_1 a_1 + ... + t_n a_n + t_{n+1} a_{n+1}) = f(sb + t_{n+1} a_{n+1}) \le sf(b) + t_{n+1} f(a_{n+1})$ car *b* est bien encore un point de l'intervalle *I*, tout intervalle réel étant évidemment convexe. L'hypothèse à l'ordre *n* nous donne alors l'inégalité : $f(b) \le \dfrac{t_1}{s} f(a_1) + ... + \dfrac{t_n}{s} f(a_n)$. Comme $s > 0$ on en déduit l'inégalité au rang $n+1$, soit : $f(t_1 a_1 + ... + t_n a_n + t_{n+1} a_{n+1}) \le t_1 f(a_1) + ... + t_n f(a_n) + t_{n+1} f(a_{n+1})$.

La démonstration suppose bien sûr que $s \ne 0$, mais quitte à changer l'ordre des points on pourra toujours se ramener à cette situation.

5.2.3 Convexité et taux d'accroissement.

La convexité de f sur I équivaut en fait à la croissance de toutes les fonctions T_f^a définies sur $I-\{a\}$ par $x \mapsto T_f^a(x) = \dfrac{f(x)-f(a)}{x-a}$, lorsque a décrit l'intervalle I.

_ Supposons cette croissance effective pour tout a de I et examinons la condition (C), soit :
$\forall a \in I\ \forall b \in I\ \forall t \in [0,1]\quad f(ta+(1-t)b) \leq tf(a)+(1-t)f(b)$.

Introduisons le réel $x = ta+(1-t)b$. Cette inégalité peut s'écrire alors $f(x)-f(a) \leq (1-t)[f(b)-f(a)]$. Or $t = \dfrac{x-b}{a-b}$, donc $1-t = \dfrac{x-a}{b-a}$.

Si $b > a$, la condition (C) équivaut à la relation $\dfrac{f(x)-f(a)}{x-a} \leq \dfrac{f(b)-f(a)}{b-a}$.

Or ceci est conséquence de la croissance de T_f^a. (Même travail pour $b < a$).

_ Supposons la condition (C) réalisée et examinons la fonction T_f^a.

Le calcul précédent montre déjà sa croissance sur $I \cap]a,+\infty[$. Considérons maintenant la situation $x < y < a$ avec x et y éléments de l'intervalle I.

$T_f^a(x) \leq T_f^a(x) \Leftrightarrow \dfrac{f(x)-f(a)}{x-a} \leq \dfrac{f(y)-f(a)}{y-a}$.

Ceci équivaut encore à $f(y) \leq f(a)+\dfrac{y-a}{x-a}[f(x)-f(a)]$ ou également à : $f(y) \leq \dfrac{y-a}{x-a}.f(x)+\dfrac{x-y}{x-a}f(a)$. Or ceci n'est autre que la condition (C) exprimée sur le segment $[x,a]$ avec le coefficient $t = \dfrac{y-a}{x-a}$. La croissance de T_f^a est encore réalisée sur $I \cap]-\infty, a[$.

Il nous reste donc à examiner la situation alternée : $x < a < y$. Ici $T_f^a(x) \leq T_f^a(x)$ se traduit par : $\dfrac{y-a}{x-a}[f(x)-f(a)] \leq f(y)-f(a)$, soit aussi, après réductions : $f(a) \leq \dfrac{y-a}{y-x}f(x)+\dfrac{a-x}{y-x}f(y)$.

Ceci encore est l'expression d'une condition (C), cette fois sur le segment $[x,y]$, avec $t=\dfrac{y-a}{y-x}$. La fonction T_f^a est donc bien croissante sur $I-\{a\}$.

5.2.4 Conséquences de la convexité.

a) Toute fonction convexe admet une dérivée à gauche et à droite en tout point intérieur à l'intervalle *I*.

b) Toute fonction convexe est continue en tout point intérieur à l'intervalle *I*.

c) Toute fonction convexe est presque partout dérivable sur *I*.

d) Si *f* convexe est dérivable en un point, la courbe représentant *f* est toujours au dessus de la tangente en ce point.

_ La première conséquence vient de la croissance de T_f^a et du fait que si *a* est intérieur à *I* on aura l'encadrement $T_f^a(\alpha)\leq T_f^a(x)\leq T_f^a(\beta)$, pour tout *x* de $[\alpha,\beta]-\{a\}$ en choisissant α et β dans *I* tels que $\alpha<a<\beta$. La fonction T_f^a croissante et bornée admet donc des limites réelles à droite et à gauche au point *a*. On a de plus bien sûr vu la monotonie : $f_g'(a)\leq f_d'(a)$.

_ La dérivabilité d'un côté d'un réel entraîne de manière évidente la continuité du même côté en ce point. Ainsi, en tout point *a* intérieur à *I* une fonction convexe est bien continue.

_ Rappelons qu'une fonction continue croissante sur un intervalle est dérivable presque partout (Lebesgue). Il s'ensuit que T_f^a est dérivable presque partout sur $I-\{a\}$. D'après les théorèmes généraux, la fonction $x\mapsto f(x)=f(a)+(x-a)T_f^a(x)$ est donc aussi dérivable presque partout sur $I-\{a\}$. Ainsi *f* est bien presque partout dérivable sur *I*.

_ Si *f* est dérivable en *a*, la fonction affine tangente en ce point est : $x\mapsto\varphi(x)=f(a)+f'(a)(x-a)$. On doit montrer que pour tout *x* de *I* : $f(x)\geq\varphi(x)$, c'est-à-dire $f(x)-f(a)\geq f'(a)(x-a)$.

Si $x > a$, l'inégalité équivaut à $\frac{f(x)-f(a)}{x-a} \geq f'(a)$. Or vu que T_f^a est croissante sur $]a,x]$, on a donc pour tout u tel que $a<u<x$: $\frac{f(x)-f(a)}{x-a} \geq \frac{f(u)-f(a)}{u-a}$. Il reste à faire tendre u vers a pour en déduire l'inégalité voulue. On effectue un travail identique à gauche de a.

5.2.5 Convexité des fonctions dérivables.

Nous supposons ici f au moins dérivable à l'ordre 1 sur I. La convexité de f sur I équivaut alors à la croissance de sa dérivée sur cet intervalle.

_ Supposons f convexe et soit deux points de I avec $a<b$. On a remarqué précédemment vu la croissance de la fonction T_f^a, la majoration évidente $f'(a) \leq \frac{f(b)-f(a)}{b-a}$. De même vu la croissance de T_f^b, on peut écrire pour tout u de $[a,b[$: $\frac{f(a)-f(b)}{a-b} \leq \frac{f(u)-f(b)}{u-b}$. En faisant tendre u vers b on obtient : $\frac{f(a)-f(b)}{a-b} \leq f'(b)$. Ainsi on a bien $a<b \Rightarrow f'(a) \leq f'(b)$.

_ Réciproquement supposons f' croissante sur I et examinons (C).
Pour cela étudions les variations sur $[0,1]$ de la fonction $t \mapsto \varphi(t) = f(ta+(1-t)b)-[tf(a)+(1-t)f(b)]$. Par hypothèse sur f elle se dérive en : $\varphi'(t) = (a-b)f'(ta+(1-t)b)+f(b)-f(a)$. Or vu le théorème des accroissements finis appliqué à f sur le segment $[a,b]$, il existe un réel t_0 de $]0,1[$ tel que $f(b)-f(a)=(b-a)f'(t_0a+(1-t_0)b)$.
On peut alors écrire $\varphi'(t) = (a-b)[f'(ta+(1-t)b)-f'(t_0a+(1-t_0)b)]$
La fonction φ a donc une dérivée positive sur $[t_0,1]$ et négative sur $[0,t_0]$.
Or $\varphi(0)=\varphi(1)=0$. On en déduit que φ est négative sur tout $[0,1]$, ce qui assure la condition (C).

Si f est deux fois dérivable sur I, une condition nécessaire et suffisante pour que f soit convexe sur cet intervalle est que f'' soit positive sur l'intervalle I.

5.2.6 Inégalités de Hölder et Minkowski.

L'intérêt principal des fonctions convexes réside bien sur dans les inégalités de Jensen permettant d'obtenir des majorations intéressantes.

En voici des illustrations classiques ayant pour base la fonction $x \mapsto f(x) = -\ln(x)$, évidemment convexe sur l'intervalle $I =]\,0,+\infty\,[$ puisque $f''(x) = \dfrac{1}{x^2}$ est strictement positive sur *I*.

a) Les deux moyennes.

L'inégalité de Jensen écrite pour un système $(a_1,....,a_n)$ de réels strictement positifs avec le système de coefficients égaux $t_k = \dfrac{1}{n}$ dont la somme est bien égale à 1 nous donne ici : $-\ln(\dfrac{a_1 + ... + a_n}{n}) \leq \dfrac{-1}{n}\sum_{k=1}^{k=n}\ln(a_k)$, dont on déduit aussitôt : $\boxed{\dfrac{a_1 + ... + a_n}{n} \geq \sqrt[n]{a_1.....a_n}}$

La moyenne arithmétique d'une série de réels positifs est donc toujours supérieure ou égale à la moyenne dite géométrique.

b) Inégalités de Hölder et Minkowski..

On considère ici deux réels p, q strictement positifs tels que $\boxed{\dfrac{1}{p} + \dfrac{1}{q} = 1}$.

L'inégalité de Jensen appliquée encore à $f = -\ln$ nous donne ici pour tout couple de réels strictement positifs x, y : $-\ln(\dfrac{x}{p} + \dfrac{y}{q}) \leq -[\dfrac{\ln(x)}{p} + \dfrac{\ln(y)}{q}]$.

Ceci se simplifie en : $\dfrac{x}{p} + \dfrac{y}{q} \geq \sqrt[p]{x}.\sqrt[q]{y}$. Si on change x en x^p et y en y^q on obtient l'inégalité qui va nous servir de base pour les calculs suivants, soit : (R0) Pour $x > 0\,;\, y > 0$ $\boxed{x.y \leq \dfrac{x^p}{p} + \dfrac{y^q}{q}}$.

Nous considérons maintenant deux suites finies de réels strictement positifs notées $(a_1,....,a_n)$ et $(b_1,....,b_n)$ et on pose $A=(a_1^{\ p}+.....+a_n^{\ p})^{\frac{1}{p}}$; $B=(b_1^{\ q}+.....+b_n^{\ q})^{\frac{1}{q}}$.

La relation (R0) appliquée à $x=\dfrac{a_k}{A}$ et $y=\dfrac{b_k}{B}$ nous donne pour chaque indice k : $\dfrac{a_k b_k}{A.B}\le\dfrac{a_k^{\ p}}{p.A^p}+\dfrac{b_k^{\ q}}{q.B^q}$.

On en déduit par sommation évidente sur l'indice k : $\displaystyle\sum_{k=1}^{k=n}\frac{a_k b_k}{A.B}\le\frac{1}{p}+\frac{1}{q}$.

Vu la relation entre p et q il vient naturellement l'inégalité dite de Hölder :

$$\boxed{\sum_{k=1}^{k=n}a_k b_k\le\left(\sum_{k=1}^{k=n}a_k^{\ p}\right)^{\frac{1}{p}}\times\left(\sum_{k=1}^{k=n}b_k^{\ q}\right)^{\frac{1}{q}}}$$

Lorsque $p=q=2$, on retrouve la classique inégalité de Cauchy Schwartz.

Posons maintenant $S=\displaystyle\sum_{k=1}^{k=n}(a_k+b_k)^p$. La relation $\dfrac{1}{p}+\dfrac{1}{q}=1$ peut s'écrire indifféremment $\dfrac{1}{q}=\dfrac{p-1}{p}$ ou $\dfrac{1}{p}=\dfrac{q-1}{q}$.

L'inégalité de Hölder nous permet d'écrire les deux relations suivantes : $\displaystyle\sum_{k=1}^{k=n}a_k(a_k+b_k)^{p-1}\le\left(\sum_{k=1}^{k=n}a_k^{\ p}\right)^{\frac{1}{p}}S^{\frac{p-1}{p}}$ et $\displaystyle\sum_{k=1}^{k=n}b_k(a_k+b_k)^{p-1}\le\left(\sum_{k=1}^{k=n}b_k^{\ p}\right)^{\frac{1}{p}}S^{\frac{p-1}{p}}$.

Par addition il vient : $S\le\displaystyle\left(\sum_{k=1}^{k=n}a_k^{\ p}\right)^{\frac{1}{p}}S^{\frac{p-1}{p}}+\left(\sum_{k=1}^{k=n}b_k^{\ p}\right)^{\frac{1}{p}}S^{\frac{p-1}{p}}$, soit après simplification évidente : $\boxed{\displaystyle\left(\sum_{k=1}^{k=n}(a_k+b_k)^p\right)^{\frac{1}{p}}\le\left(\sum_{k=1}^{k=n}a_k^{\ p}\right)^{\frac{1}{p}}+\left(\sum_{k=1}^{k=n}b_k^{\ p}\right)^{\frac{1}{p}}}$.

C'est l'inégalité dite de Minkowski, qui généralise la classique inégalité triangulaire.

Le lecteur pourra vérifier en exercice en utilisant la convergence des sommes de Riemann que pour deux fonctions continues sur $[a, b]$ les deux inégalités établies ci-dessus donnent en passant à la limite :

$$\int_a^b f(x)g(x)dx \leq \left(\int_a^b f^p(x)dx\right)^{\frac{1}{p}} \times \left(\int_a^b g^q(x)dx\right)^{\frac{1}{q}}$$

$$\left(\int_a^b [f(x)+g(x)]^p dx\right)^{\frac{1}{p}} \leq \left(\int_a^b f^p(x)dx\right)^{\frac{1}{p}} + \left(\int_a^b g^p(x)dx\right)^{\frac{1}{p}}$$

5.3 <u>**Problème 6.**</u> *Transformée de Legendre.*

Ce problème présente la transformée dite de Legendre d'une fonction f de classe C^2 et strictement convexe sur un intervalle $[a,b]$ de R (au sens que $f''(x) > 0$ sur cet intervalle).

1. On note C_f la courbe représentant f dans un repère du plan $(O\,;\vec{i},\vec{j})$. Pour p réel donné on désigne par Δ_p la droite d'équation $y = px$ dans ce repère. Enfin on définit pour x élément de $[a,b]$, la mesure algébrique $F(p,x) = \overline{MV}$, avec M et V points d'abscisse x situés respectivement sur C pour M et sur Δ_p pour V. Etudier pour p fixé les variations de la fonction $x \mapsto F(p,x)$. On montrera sous certaines conditions l'existence d'un extremum dont la valeur sera notée $g(p)$.

2. On note φ la réciproque de la restriction de la fonction dérivée de f à l'intervalle d'arrivée $[f'(a), f'(b)]$. Expliciter $g(p)$ à l'aide de φ et f.

La fonction $p \mapsto g(p)$ définie sur $[f'(a), f'(b)]$ est appelée transformée de Legendre de la fonction f. Montrer que g est de classe C^2 et convexe.

3. Montrer que la transformée de Legendre de g n'est autre que la fonction de départ f. (Propriété d'involution).

4. Montrer que $G(x,p) = x.p - g(p)$ n'est autre que l'ordonnée du point d'abscisse x de la seule tangente à C_f de coefficient directeur égal à p. Retrouver ainsi géométriquement la propriété d'involution de la transformée de Legendre.

5. Avec les notations précédentes, justifier l'inégalité dite de Young : $px \leq f(x) + g(p)$.

6. De l'inégalité de Young appliquée à une fonction convenable, déduire que pour tout couple de réels strictement positifs tel que $\frac{1}{\alpha} + \frac{1}{\beta} = 1$ on a $\forall x > 0\ \forall y > 0 \quad x \times y \leq \frac{x^\alpha}{\alpha} + \frac{y^\beta}{\beta}$.

7. Quelles fonctions ont pour transformées de Legendre :

a) $g(p) = -1 - \ln(-p)$; b) $g(p) = p\text{Arcsin}(p) + \sqrt{1-p^2}$;

c) $g(p) = p\ln(p) - p$; d) $g(p) = p\text{Arctan}(p) - \frac{1}{2}\ln(1+p^2)$.

8. On considère l'équation différentielle dite de Clairaut, du type $y = xy' - g(y')$ avec g strictement convexe de classe C^2 sur un intervalle J. Montrer qu'elle admet pour solution la transformée de Legendre de l'application g.

Corrigé.

1. $F(p,x) = px - f(x)$. Ainsi $\frac{\partial}{\partial x}F(p,x) = p - f'(x)$. La fonction f étant supposée strictement convexe et de classe C^2 sur $[a,b]$, la fonction dérivée de f est strictement croissante et continue sur cet intervalle, donc relie bijectivement $I = [a,b]$ à l'intervalle image $J = [f'(a), f'(b)]$. La discussion pour les variations est donc simple :

_ Si p n'est pas élément de J, la dérivée $\frac{\partial}{\partial x}F(p,x)$ est de signe constant sur tout l'intervalle $[a,b]$.

_ Si $p = f'(x_p)$ est élément de J, alors on a vu la croissance de f' : $\frac{\partial}{\partial x}F(p,x) \geq 0 \Leftrightarrow x \leq x_p$. La fonction $x \mapsto F(p,x)$ présentera donc un maximum en x_p.

2. Avec les notations précédentes et la définition de φ, le réel x_p n'est autre que l'image $x_p = (f')^{-1}(p) = \varphi(p)$, ce qui nous donne pour la transformée de Legendre g de f, l'expression : $\boxed{g(p) = p\varphi(p) - f \circ \varphi(p)}$.

Le théorème de dérivée d'une réciproque s'applique ici à f' dont la dérivée ne s'annule pas, et nous donne donc $\varphi'(p) = \frac{1}{f''(\varphi(p))}$.

La fonction g se dérive alors en : $g'(p) = \varphi(p) + p\varphi'(p) - \varphi'(p)f'(\varphi(p))$.

Or par définition même de φ, on a $f'(\varphi(p)) = p$. Il nous reste donc simplement $g'(p) = \varphi(p)$. Ainsi g' est de classe C^1 sur l'intervalle J et de dérivée strictement croissante. La fonction g est donc bien de classe C^2 sur J et convexe sur cet intervalle.

3. D'après la question précédente, la dérivée de g relie bijectivement J à I et sa réciproque est $\psi = (g')^{-1} = (\varphi)^{-1} = f'$.

Ainsi la transformée h de Legendre de g sera définie sur I par la formule : $h(x) = xf'(x) - g(f'(x))$.

Or on sait que $g(f'(x)) = f'(x)\varphi(f'(x)) - f(\varphi(f'(x)))$. Après simplifications, ($\varphi \circ f'(x) = x$), il vient donc $h(x) = f(x)$.

La transformée de Legendre est donc bien involutive.

4. Par définition même, la transformée de Legendre $h(x)$ de g est définie comme la valeur maximale de $G(x,p) = x.p - g(p)$, lorsque p décrit l'intervalle J. Or la tangente à C_f en $x_p = \varphi(p)$ pour lequel le coefficient directeur est p a pour équation $y - f(x_p) = p(x - x_p)$.

L'ordonnée d'un de ses points d'abscisse x est donc $y = p.x + f(x_p) - px_p$, c'est-à-dire vu la définition de g : $y = x.p - g(p) = G(x,p)$. Rappelons alors que la courbe représentant une fonction convexe est au dessus de toute tangente en un point quelconque de cette courbe. Il s'ensuit que les ordonnées considérées sont toutes inférieures ou égales à $f(x)$ qui représente donc bien le maximum cherché. On retrouve donc ainsi de manière purement géométrique que $h(x) = f(x)$.

5. L'inégalité dite de Young ne fait que résumer la remarque géométrique précédente, à savoir que $f(x)$ est le maximum de $y = x.p - g(p) = G(x,p)$ lorsque p décrit J. On a donc pour tout x de I et tout p de J : $px \leq f(x) + g(p)$. On peut bien sûr la démontrer aussi par étude des variations de la fonction $x \mapsto d(x) = f(x) + g(p) - p.x$, pour p fixé. On a facilement $d'(x) = f'(x) - p$, qui change de signe en $x_p = \varphi(p)$ et donne un minimum en ce point pour d , égal à $f(\varphi(p)) + g(p) - p.\varphi(p)$. Or cette quantité est nulle d'après l'expression de $g(p)$. Ainsi $d(x)$ est positif pour tout x de I, et ce ci quel que soit p élément de J.

6. La fonction $x \mapsto f(x) = \dfrac{x^\alpha}{\alpha}$ est bien convexe sur $]0,+\infty[$.

En effet les conditions $\alpha > 0$, $\beta > 0$ et $\dfrac{1}{\alpha} + \dfrac{1}{\beta} = 1$ entraînent que $\alpha > 1$.

On aura donc $f''(x) > 0$.

Explicitons sa transformée de Legendre : On a $f'(x) = x^{\alpha-1}$, donc $\varphi(p) = p^{\frac{1}{\alpha-1}} = p^{\beta-1}$. Ainsi $g(p) = p^\beta - \dfrac{p^{\alpha(\beta-1)}}{\alpha}$. Or $\dfrac{1}{\alpha} + \dfrac{1}{\beta} = 1$ entraîne : $\alpha(\beta - 1) = \beta$, d'où $g(p) = (1 - \dfrac{1}{\alpha})p^\beta = \dfrac{p^\beta}{\beta}$.

L'inégalité de Young se traduit donc ici : $p.x \leq \dfrac{x^\alpha}{\alpha} + \dfrac{p^\beta}{\beta}$, ceci pour tout x d'un intervalle $[a,b]$ inclus dans $]0,+\infty[$ et tout p de $J = [a^{\alpha-1}, b^{\alpha-1}]$. Puisque la fonction $t \mapsto t^{\alpha-1}$ tend vers 0 en 0 et vers l'infini en l'infini, on pourra toujours choisir a et b de façon que I et J contiennent respectivement un $x > 0$ et un $p > 0$ donné. Ceci justifie la relation demandée.

7. La propriété d'involution permet de retrouver la fonction f de transformée donnée. Il suffit de bien préciser l'intervalle sur lequel la convexité est assurée. On trouve ainsi facilement :

a) $f(x) = -\ln(x)$ sur $]\,0,+\infty\,[$

b) $f(x) = -\cos(x)$ sur $]-\frac{\pi}{2},\frac{\pi}{2}[$

c) $f(x) = e^x$ sur R

d) $f(x) = -\ln(\cos(x))$ sur $]-\frac{\pi}{2},\frac{\pi}{2}[$

8. Si f définie sur l'intervalle I est solution de l'équation de Clairaut, on peut donc écrire pour tout x de I la relation : $f(x) = xf'(x) - g(f'(x))$. Si on pose $p = f'(x)$, l'égalité prend aussi la forme : $f(x) = x.p - g(p)$.

Si on suppose f de classe C^2, la dérivation de l'équation de Clairaut donne $f'(x) = f'(x) + xf''(x) - f''(x)g'(f'(x))$.

On obtient donc déjà des solutions affines simples correspondant à $f''(x) = 0$, du type $f_\lambda(x) = \lambda.x - g(\lambda)$.

Si on cherche une solution de dérivée seconde ne s'annulant pas sur I, on a alors : $g'(f'(x)) = x$. Ainsi f' apparaît comme la réciproque ψ de la fonction dérivée de g, et la relation $f(x) = x.p - g(p) = x\psi(x) - g(\psi(x))$ s'interprète en disant que f est la transformée de Legendre de g.

La courbe intégrale correspondante se paramètre en fait avec $p = f'(x)$ par le système : $\begin{cases} x = g'(p) \\ y = p.g'(p) - g(p) \end{cases}$

Remarquons que cette courbe n'est autre que l'enveloppe des droites D_λ représentant les solutions affines $f_\lambda(x) = \lambda.x - g(\lambda)$.

Note : En Mécanique on trouve une intervention notable de la transformée de Legendre pour construire l'Hamiltonien d'un système à partir de son Lagrangien $L(q_1(t),...,q_n(t), \dot{q}_1(t),...,\dot{q}_n(t))$. (Voir l'équation d'Euler). On définit en effet le Hamiltonien par la formule condensée :

$$\boxed{H(q_i,\dot{q}_i,t)=\sum_{i=1}^{i=n}\dot{q}_i.p_i-L(q_i,\dot{q}_i,t)}$$ avec $p_i=\dfrac{\partial L}{\partial \dot{q}_i}$ appelée impulsion généralisée d'indice *i*.

Le lecteur vérifiera facilement que le système d'équation de Lagrange $\dfrac{d}{dt}(\dfrac{\partial L}{\partial \dot{q}_i})=\dfrac{\partial L}{\partial q_i}$ se traduit sur l'Hamiltonien par le système : $\dfrac{\partial H}{\partial q_i}=-\dot{p}_i$, le système d'équation complet s'écrivant :

$$\frac{\partial H}{\partial p_i}=\dot{q}_i \;;\; \frac{\partial H}{\partial q_i}=-\dot{p}_i \;;\; \frac{dH}{dt}=\frac{\partial H}{\partial t}=-\frac{\partial L}{\partial t}.$$

5.4 Fonctions implicites.

On considère ici une fonction *f* de classe C^1 sur un ouvert *O* de $\mathbb{R}^n$ à valeurs dans $\mathbb{R}$. On suppose qu'il existe un point $A=(a_1,....,a_n)$ de *O* en lequel *f* s'annule et tel que $\dfrac{\partial f}{\partial x_n}(A)\neq 0$. Pour tout *X* de $\mathbb{R}^n$ on note $\widetilde{X}$ l'élément de $\mathbb{R}^{n-1}$ dont les composantes sont les $n-1$ premières composantes de *X*.

On se propose d'établir l'existence d'une fonction φ définie sur une boule ouverte *B* de $\mathbb{R}^{n-1}$ centrée sur $\widetilde{A}$ et à valeurs dans un intervalle ouvert *I* centré sur a_n telle que : Pour tout $(x_1,...,x_{n-1})$ de *B*, $x_n=\varphi(x_1,...,x_{n-1})$ soit la seule solution appartenant à *I* de l'équation $0=f(x_1,...,x_{n-1},x)$.

5.4.1 Schéma pour prouver l'existence.

Quitte à changer *f* en son opposé, on peut toujours se ramener au cas où $\dfrac{\partial f}{\partial x_n}(A)>0$, car l'annulation de *f* équivaut à celle de $-f$. On supposera donc ici cette condition de signe. Vu que f est supposée de classe C^1, la continuité de $X \mapsto \frac{\partial f}{\partial x_n}(X)$ sur O entraîne l'existence d'une boule B_1 de centre A et de rayon r telle que : $X \in B_1 \Rightarrow \frac{\partial f}{\partial x_n}(X) > 0$. (Ces boules seront considérées relatives à la norme Euclidienne sur $\mathbb{R}^n$).

On peut alors définir sur l'intervalle $J =]a_n - r, a_n + r[$, la fonction numérique $x \mapsto f_A(x) = f(a_1,...,a_{n-1},x)$. Celle-ci est dérivable sur J, avec une dérivée strictement positive, car $f_A'(x) = \frac{\partial f}{\partial x_n}(a_1,...,a_{n-1},x) > 0$ puisque $(a_1,....,a_{n-1},x)$ est élément de B_1.

Or par hypothèse sur f: $f_A(a_n) = 0$. On en déduit donc vu la croissance stricte de f_A sur J: $f_A(a_n - \frac{r}{2}) < 0$ et $f_A(a_n + \frac{r}{2}) > 0$.

Utilisons maintenant la fonction $(x_1,...,x_{n-1}) \mapsto f(x_1,...,x_{n-1},a_n - \frac{r}{2})$, définie et continue sur une boule ouverte centrée sur $\widetilde{A}$, et de rayon r' tel que $(r')^2 + \frac{r^2}{4} < r^2$. Comme sa valeur au centre est strictement négative, on en déduit que cette fonction sera localement strictement négative.

On procède de même pour la fonction $(x_1,...,x_{n-1}) \mapsto f(x_1,...,x_{n-1},a_n + \frac{r}{2})$.

On en déduit l'existence d'une boule ouverte B de $\mathbb{R}^{n-1}$ centrée sur $\widetilde{A}$ telle que les deux fonctions considérées ci-dessus soient respectivement strictement négative et positive sur ce voisinage ouvert de $\widetilde{A}$. Il reste à remarquer que pour tout $(x_1,...,x_{n-1})$ de B, la fonction $x \mapsto f(x_1,...,x_{n-1},x)$ est dérivable sur l'intervalle $[a_n - \frac{r}{2}, a_n + \frac{r}{2}]$, et de dérivée strictement positive car $(x_1,...,x_{n-1},x)$ est élément de B_1 vu la condition $(r')^2 + \frac{r^2}{4} < r^2$, donc satisfait à $\frac{\partial f}{\partial x_n}(x_1,...,x_{n-1},x) > 0$. Comme cette fonction continue change de signe aux bornes de son intervalle de définition, elle va s'y annuler en un et un seul point x_n de son intérieur.

La correspondance $(x_1,...,x_{n-1}) \mapsto x_n$ définit alors bien une fonction φ sur la boule B tel que $x_n = \varphi(x_1,...,x_{n-1})$ soit la seule solution appartenant à $I =]\, a_n - \frac{r}{2}, a_n + \frac{r}{2}\, [$ de l'équation $f(x_1,...,x_{n-1},x) = 0$.

La fonction φ est dite implicite car on n'obtient pas ici de formule précise explicitant ses images à partir de $(x_1,...,x_{n-1})$.

5.4.2 Etude des propriétés de la fonction implicite.

Validons d'abord la continuité de φ au point $\widetilde{A}$. Soit un réel $\varepsilon > 0$ imposé tel que $\varepsilon < r$. En reprenant le schéma précédent avec $\frac{\varepsilon}{2}$ à la place de $\frac{r}{2}$, on prouve l'existence d'une boule B_ε centrée sur $\widetilde{A}$, telle que pour tout $(x_1,...,x_{n-1})$ de ce voisinage, la fonction $x \mapsto f(x_1,...,x_{n-1},x)$ ne s'annule qu'en un seul point de $I =]\, a_n - \frac{\varepsilon}{2}, a_n + \frac{\varepsilon}{2}\, [$.

On a alors pour tout $(x_1,...,x_{n-1})$ de $B_\varepsilon \cap B$: $\varphi(x_1,...,x_{n-1}) \in]\, a_n - \frac{\varepsilon}{2}, a_n + \frac{\varepsilon}{2}\, [$, ce qui assure la continuité de φ au point $\widetilde{A}$.

Etudions maintenant la différenciation de φ en $\widetilde{A}$. Le développement d'ordre 1 de f en A s'écrit classiquement, pour tout $X = (x_1,...,x_{n-1},x_n)$ de O :
$$f(X) = f(A) + \sum_{k=1}^{k=n} \frac{\partial f}{\partial x_k}(A)(x_k - a_k) + o(\|X - A\|).$$

Les normes sur $\mathbb{R}^n$ étant toutes équivalentes, on peut prendre ici la norme donnée par la somme des valeurs absolues des composantes. Le reste du développement ci-dessus peut alors s'exprimer sous la forme :

$o(\|X-A\|)=\sum_{k=1}^{k=n}(x_k-a_k)\varepsilon_k(X)$, avec pour chaque k $\lim_{X\to A}\varepsilon_k(X)=0$, ceci en écrivant simplement $|x_k-a_k|=(x_k-a_k)u_k(X)$, avec $u_k(X)\in\{-1,1\}$.

On obtient donc puisque par hypothèse f s'annule en A, l'égalité : $f(X)=\sum_{k=1}^{k=n}[\frac{\partial f}{\partial x_k}(A)+\varepsilon_k(X)](x_k-a_k)$. Prenons maintenant $\widetilde{X}=(x_1,...,x_{n-1})$ appartenant à B et appliquons le développement ci-dessus à $X=(\widetilde{X},\varphi(\widetilde{X}))$. Il vient par définition même de φ, $f(\widetilde{X},\varphi(\widetilde{X}))=0$, ce qui nous donne :

$$\sum_{k=1}^{k=n-1}[\frac{\partial f}{\partial x_k}(A)+\varepsilon_k(X)](x_k-a_k)+[\frac{\partial f}{\partial x_n}(A)+\varepsilon_n(X)]\times[\varphi(\widetilde{X})-\varphi(\widetilde{A})]=0.$$

Comme par hypothèse $\frac{\partial f}{\partial x_n}(A)\neq 0$, on peut en restreignant au besoin le voisinage B obtenir : $\varphi(\widetilde{X})-\varphi(\widetilde{A})=-\sum_{k=1}^{k=n-1}\frac{[\frac{\partial f}{\partial x_k}(A)+\varepsilon_k(X)]}{\frac{\partial f}{\partial x_n}(A)+\varepsilon_n(X)}(x_k-a_k)$.

On en déduit très facilement un développement au voisinage de $\widetilde{A}$ du type $\varphi(\widetilde{X})-\varphi(\widetilde{A})=-\sum_{k=1}^{k=n-1}\frac{\frac{\partial f}{\partial x_k}(A)}{\frac{\partial f}{\partial x_n}(A)}(x_k-a_k)+\sum_{k=1}^{k=n}(x_k-a_k)\alpha_k(X)$, avec pour tout k : $\lim_{X\to A}\alpha_k(X)=0$.

Ceci assure la différentiabilité de φ en $\widetilde{A}$ avec une dérivée partielle par rapport à la variable d'indice k explicitée par :

$$\boxed{\frac{\partial\varphi}{\partial x_k}(\widetilde{A})=-\frac{\frac{\partial f}{\partial x_k}(A)}{\frac{\partial f}{\partial x_n}(A)}}.$$

Soit maintenant un point quelconque de B soit $\widetilde{A}' = (a'_1,....,a'_{n-1})$. Si on pose $a'_n = \varphi(a'_1,....,a'_{n-1})$, et $A' = (a'_1,....,a'_{n-1},a'_n)$, on peut reprendre le schéma précédent avec A' à la place de A.

On montre donc ainsi que φ est continue et dérivable en tout point de B et que sa dérivée partielle d'indice k s'explicite par $\frac{\partial\varphi}{\varphi x_k}(\widetilde{X}) = -\frac{\frac{\partial f}{\partial x_k}(\widetilde{X},\varphi(\widetilde{X}))}{\frac{\partial f}{\partial x_n}(\widetilde{X},\varphi(\widetilde{X}))}$. Comme f est supposée de classe C^1 sur O, les quotients des dérivées partielles intervenant dans la formule ci-dessus seront continues sur l'ouvert B. Il s'ensuit que la fonction implicite φ est de classe C^1 sur B.

Ce résultat n'est en fait qu'un cas particulier d'un théorème plus général, dans le cadre d'espaces dits de Banach, c'est-à-dire espaces vectoriels normés complets pour la distance induite par la norme. Voici son énoncé et les grandes lignes de la démonstration.

5.4.3 Le théorème général des fonctions implicites.

On considère ici deux espaces de Banach notés E et F, O un ouvert de $E \times F$ et f une fonction de classe C^1 sur O à valeurs dans un espace normé G. On note $a = (x_0, y_0)$ un point de O tel que $f(x_0, y_0) = 0$ et tel que la dérivée partielle $u = \frac{\partial f}{\partial x_2}(a)$ soit un homéomorphisme de F sur G. (Bijection linéaire bi continue). On se propose de montrer qu'il existe une application φ de classe C^1 sur une boule ouverte B centrée sur x_0 et à valeurs dans un voisinage ouvert V de y_0 tel que pour tout x de B , $y = u(x)$ soit le seul élément de V tel que $f(x, y) = 0$.

Voici le schéma général d'une preuve classique. Nous invitons le lecteur à justifier les points clefs signalés.

a) On commence par remplacer l'équation $f(x,y)=0$ par une équation du type $g(x,y)=y$, en définissant $g(x,y)=y-u^{-1}\circ f(x,y)$.

b) Pour (x,y_1) et (x,y_2) éléments de O, on utilise la majoration classique :

$$\|g(x,y_1)-g(x,y_2)\| \leq \|u^{-1}\| \times \left\| f(x,y_1)-f(x,y_2)-\frac{\partial f}{\partial x_2}(a)(y_1-y_2)\right\|.$$

En utilisant le théorème des accroissements finis et le caractère de classe C^1 sur O de f, on montre alors que pour tout $\varepsilon>0$ on peut trouver une boule ouverte B_1 centrée sur x_0 de rayon α et une boule ouverte B_2 centrée sur y_0 de rayon β telles que : Pour (x,y_1) et (x,y_2) éléments de $B_1\times B_2$, on a $\|g(x,y_1)-g(x,y_2)\| \leq \|u^{-1}\| \times \varepsilon \times \|y_1-y_2\|$.

c) On choisit alors $q\in\,]0,1[$ et $\varepsilon>0$ tel que $\varepsilon\times\|u^{-1}\|\leq q$. La fonction g est ainsi q contractante sur le voisinage $B_1\times B_2$ de a. On peut donc appliquer le schéma général du point fixe.

On commence par restreindre le rayon α de B_1 de façon à obtenir pour x dans cette boule : $\|g(x,y_0)-y_0\|<\beta(1-q)$, ceci étant assuré par la continuité de g. On peut donc construire pour tout x de B_1 une suite définie par $z_0=y_0$ et $\forall n: z_{n+1}=g(x,z_n)$. En effet tant que les termes (x,z_k) restent dans $B_1\times B_2$ on a $\|z_k-z_{k-1}\|<q\|z_{k-1}-z_{k-2}\|$. On en déduit $\|z_k-z_{k-1}\|<q^{k-1}\|z_1-y_0\|$, et par l'inégalité triangulaire : $\|z_k-y_0\|<(1+q+..+q^{k-1})\|z_1-y_0\|$.

Comme $1+q+..+q^{k-1}\leq\dfrac{1}{1-q}$, on aura donc vu la restriction ci-dessus du rayon de B_1, l'inégalité : $\|z_k-y_0\|<\beta$. Les éléments z_k restent donc dans la boule B_2 et les (x,z_k) dans $B_1\times B_2$. Or ils constituent une suite de Cauchy de par la majoration $\|z_k-z_{k-1}\|<q^{k-1}\|z_1-y_0\|$. Il s'ensuit, $E\times F$ étant complet, que cette suite converge vers un élément (x,y) de cet espace.

En fait la condition restrictive $\|g(x, y_0) - y_0\| < \beta(1-q)$ montre que y appartient à la boule ouverte B_2.

d) Pour tout x élément de B_1 on définit $y = \varphi(x)$ tel que $y = \lim_{n\to\infty} z_n$. On a alors $y = g(x, y)$ par continuité de g et y est la seule solution de cette équation sur B_2 car g est q contractante sur cette boule, avec $0 < q < 1$. La continuité de φ s'obtient facilement en remarquant de proche en proche que $z_k = u_k(x)$, avec u_k continue sur B_1. La convergence normale remarquée ci-dessus entraîne alors la convergence uniforme, d'où la continuité de φ.

e) Pour la dérivabilité de φ, on commence par prouver qu'une application linéaire continue v de F vers G suffisamment proche de u est aussi un homéomorphisme et que l'application $v \mapsto v^{-1}$ définie au voisinage de u est continue. Un changement de variable nous ramène à un problème au voisinage de l'identité sur F en posant $v = u \circ (I_F - w)$, avec $w = u^{-1} \circ (u - v)$. Il suffit donc de montrer que pour $\|w\|$ assez petite, l'application $I_F - w$ sera bijective et bi continue. Cela se fait classiquement en considérant la série d'endomorphismes de F de terme général w^n.

C'est une suite de Cauchy si on suppose $\|w\| < 1$.

La suite $n \mapsto s_n = I_F + w + ... + w^n$ est donc convergente dans le Banach $\mathcal{L}_R(F)$ vers une application linéaire continue s. Or pour tout entier n : $s_n \circ (I_F - w) = I_F - w^{n+1}$. En passant à la limite il vient alors $s \circ (I_F - w) = I_F$. On montre de même $(I_F - w) \circ s = I_F$.

Enfin, la continuité de $I_F - w \mapsto s = (I_F - w)^{-1}$ à l'origine s'effectue grâce à la majoration : $\|s - I_F\| \leq \dfrac{\|w\|}{1 - \|w\|}$.

f) D'après ce qui précède et vu la continuité de φ et de $\dfrac{\partial f}{\partial x_2}$, on peut retreindre la boule B_1 de façon que pour x dans ce voisinage, on ait

$T(x) = \frac{\partial f}{\partial x_2}(x, \varphi(x))$ homéomorphisme. Posons $S(x) = \frac{\partial f}{\partial x_1}(x, \varphi(x))$ et considérons x et $x+s$ dans B_1. Par définition de φ, on a les relations : $f(x, \varphi(x)) = 0$ et $f(x+s, \varphi(x)+t) = 0$ en posant $t = \varphi(x+s) - \varphi(x)$.

Or par dérivabilité de f en $(x, \varphi(x))$ on sait que pour tout $\varepsilon > 0$ on pourra prendre (t, s) suffisamment prés de $(0,0)$ de façon que : $\|f(x+s, \varphi(x)+t) - f(x, \varphi(x)) - S(x)(s) - T(x)(t)\| < \varepsilon(\|s\| + \|t\|)$. On en déduit puisque $T(x)$ est un homéomorphisme :

$\|\varphi(x+s) - \varphi(x) - [T(x)]^{-1} \circ S(x)(s)\| \leq \varepsilon \|[T(x)]^{-1}\|(\|s\| + \|\varphi(x+s) - \varphi(x)\|)$.

De là, en prenant ε assez petit, et vu l'inégalité triangulaire, on en déduit facilement une inégalité du type :

$\|\varphi(x+s) - \varphi(x) - [T(x)]^{-1} \circ S(x)(s)\| \leq \varepsilon \times \lambda \times \|s\|$, avec λ constante.

Ceci assure la dérivabilité de φ en x et donne la formule $\varphi'(x) = [\frac{\partial f}{\partial x_2}(x, \varphi(x)]^{-1} \circ \frac{\partial f}{\partial x_1}(x, \varphi(x))$. Sous cette forme, la continuité de cette dérivée apparaît de manière évidente vu que f est supposée de classe C^1 et vu le lemme étudié dans e).

Chapitre 6

COMPLEMENTS.

6.1 Topologie élémentaire.

6.1.1 L'axiome des intervalles emboîtés.

Une des propriétés fondamentales de l'ensemble R des nombres réels énonce que pour toute suite d'intervalles fermés bornés, $n \mapsto I_n = [a_n , b_n]$, emboîtés au sens que pour tout n on a $I_{n+1} \subset I_n$, il existe au moins un réel c appartenant à tous ces intervalles. Dans les diverses représentations classiques des réels: coupures de Cantor, classes d'équivalence de suites de Cauchy, ou représentations décimales, elle joue un rôle clef car elle prend ses racines dans les germes mêmes des procédés de construction. De cette proposition que nous prendrons ici comme 'axiome' de base découlent alors de nombreuses conséquences fondamentales concernant les suites et fonctions numériques. Les preuves font souvent appel au principe de dichotomie, consistant à diviser à l'infini un intervalle donné par utilisation des milieux, et à suivre la trace d'une propriété initiale sur ces intervalles emboîtés. La propriété étudiée se 'cristallise' alors souvent autour du seul point commun à tous ces intervalles, au sens que tout voisinage de c va contenir les I_n à partir d'un certain rang, permettant ainsi de valider ou d'infirmer le caractère étudié. Voici quelques exemples parmi les plus classiques.

6.1.2 Bornes supérieures et inférieures.

Pour tout sous ensemble non vide E de réels admettant un majorant, il existe un plus petit majorant appelé borne supérieure de E et noté $\sup(E)$.

On part de $I_0 = [a_0, b_0]$ avec a_0 élément de E et b_0 majorant E. Si la borne supérieure existe, elle doit être dans cet intervalle. On prend $m = \dfrac{a_0 + b_0}{2}$, milieu de I_0 et on effectue le choix suivant :

_ Si m est majorant de E, on définit $I_1 = [a_0, m]$.

_ Si m ne majore pas E on prend $I_1 = [m, b_0]$.

Dans les deux cas, I_1 contient au moins un point de E et son extrémité majore E. On reprend cette division à partir de I_1 et on la poursuit en abîme, ce qui nous donne une suite d'intervalles emboîtés $I_n = [a_n, b_n]$, contenant tous au moins un point de E et tels que pour tout n on ait b_n majorant de E. Soit c le point d'intersection de tous ces intervalles.

_ Si c n'est pas majorant de E, il existe un élément x de E tel que $c < x$. Puisque $0 \leq b_n - c \leq \dfrac{b_0 - a_0}{2^n}$, il va exister un entier n tel que $b_n < x$. Il suffit en effet de prendre n assez grand de façon que $2^n > \dfrac{b_0 - a_0}{x - c}$. Or ceci est contradictoire avec b_n majorant de E. Ainsi c majore nécessairement E. Montrons que c'est le plus petit des majorants.

_ S'il existait M majorant de E avec $M < c$. Un raisonnement analogue au précédent nous dit qu'on pourra trouver un entier tel que $M < a_n \leq c$. Mais dans ce cas E ne contient pas d'éléments supérieurs ou égaux à a_n, et on aura donc $I_n \cap E = \varnothing$, ce qui contredit encore la construction des intervalles I_n.

Ainsi c apparaît bien comme le 'meilleur' majorant de E. On montre de même que tout ensemble non vide minoré admet un plus grand minorant appelé borne inférieure.

6.1.3 Complétude de R.

Une suite $n \mapsto x_n$ de réels est dite de Cauchy si pour tout $\varepsilon > 0$ il existe un rang n tel que $p \geq q \geq n \Rightarrow |x_p - x_q| < \varepsilon$. Il est clair qu'une telle suite est bornée. Si $I_0 = [a_0, b_0]$ est un intervalle contenant tous ses termes, on construit facilement par dichotomie une suite d'intervalles emboîtés $n \mapsto I_n = [a_n, b_n]$, tel que pour tout n, l'ensemble des indices k tels que $x_k \in I_n$ soit infini. Si c est le point commun à tous ces intervalles, on a vu ci-dessus que tout voisinage $]c - \varepsilon, c + \varepsilon[$ va contenir les I_n à partir d'un certain rang. Choisissons pour n un rang à partir duquel l'oscillation de la suite est inférieure à ε. Par construction des intervalles il existe un indice $q \geq n$ tel que $x_q \in I_n$, donc tel que $|c - x_q| < \varepsilon$. Or pour $p \geq q \geq n$ on sait que $|x_p - x_q| < \varepsilon$. D'où par inégalité triangulaire : $p \geq q \Rightarrow |x_p - c| < 2\varepsilon$.

La suite des x_k converge donc vers le réel *c*. Toute suite de Cauchy de réels est donc nécessairement convergente et R est bien complet. On en déduit facilement que les espaces vectoriels R^n munis de la norme Euclidienne sont des espaces de Banach, c'est-à-dire complets au sens que toute suite de Cauchy est nécessairement convergente.

6.1.4 Compacité des segments.

Un espace topologique séparé est dit compact au sens de Bolzano Weierstrass si de tout recouvrement de cet espace par une famille d'ouverts on peut extraire un sous recouvrement fini. Tout intervalle fermé borné $I = [\, a, b \,]$ de réels satisfait à cette propriété. Raisonnons par l'absurde et supposons un recouvrement par la famille d'ouverts $(O_i)_{i \in I}$ n'admettant pas de sous recouvrement fini. On construit alors facilement par dichotomie une suite d'intervalles emboîtés $I_n = [a_n , b_n]$ tels qu'aucun d'eux ne puisse être recouvert par une union finie des O_i. Soit *c* le point commun à tous ces intervalles. *c* étant élément de *I* appartient nécessairement à un des O_i d'après l'hypothèse. Or on sait que tout voisinage de *c* englobe à terme les I_n, qui seront donc recouverts par la famille formée de ce seul ouvert O_i. Ceci est contradictoire avec le choix de ces intervalles. Tout intervalle fermé borné de R est donc compact.

6.1.5 Théorème de Heine.

Une fonction numérique *f* est dite uniformément continue sur l'intervalle *I* si et seulement si pour tout $\varepsilon > 0$ il existe un réel $\alpha > 0$ tel que : Pour tout couple (x, y) d'éléments de *I* $|y - x| < \alpha \Rightarrow |f(y) - f(x)| < \varepsilon$

Le théorème de Heine énonce que toute fonction à valeurs réelles continue sur l'intervalle compact $I = [\, a, b \,]$ y est nécessairement uniformément continue. Voici comme on procède : Pour tout x de I on choisit par continuité un $\alpha_x > 0$ tel que $y \in I$ et $|y-x| < \alpha_x \Rightarrow |f(y)-f(x)| < \frac{\varepsilon}{2}$.

On recouvre alors le compact $I = [\, a, b\,]$ par la réunion des ouverts $O_x =]\, x - \frac{\alpha_x}{2}, x + \frac{\alpha_x}{2} \,[$. On en extrait un sous recouvrement fini et on note α le plus petit des α_x de cette sous famille finie.

Soit maintenant z et y deux éléments de I tels que $|z-y| < \frac{\alpha}{2}$. L'élément y appartient à un des O_x de la sous famille finie retenue. On a donc $|y-x| < \frac{\alpha_x}{2}$. Or vu la définition de α, on a aussi $|z-y| < \frac{\alpha_x}{2}$, d'où par inégalité triangulaire : $|z-x| < \alpha_x$. On en déduit donc vu le choix de α_x : $|f(y)-f(x)| < \frac{\varepsilon}{2}$ et $|f(z)-f(x)| < \frac{\varepsilon}{2}$.

On conclut enfin par inégalité triangulaire : $|f(y)-f(x)| < \varepsilon$.

La fonction f est bien uniformément continue.

6.1.6 Théorème de Dini.

Soit $n \mapsto f_n$ une suite de fonctions à valeurs réelles, continues sur le compact $I = [\, a, b\,]$, convergent simplement et de manière monotone vers une fonction f continue sur I, alors la convergence est en fait uniforme sur I.

Pour la preuve, on se ramène facilement en remplaçant f_n par $|f - f_n|$, au cas où les $f_n(x)$ tendent vers 0 en décroissant pour tout x de I. Soit alors $\varepsilon > 0$ imposé. Pour chaque x de I, et vu la convergence simple, il existe un entier n_x tel que $n \geq n_x \Rightarrow 0 \leq f_n(x) < \frac{\varepsilon}{2}$. La continuité de f_{n_x} nous assure alors l'existence d'un α_x tel que $|y-x| < \alpha_x \Rightarrow |f_{n_x}(y) - f_{n_x}(x)| < \frac{\varepsilon}{2}$.

Le compact $I = [\, a, b\,]$ est donc recouvert par la réunion des intervalles ouverts $O_x =]\, x - \alpha_x, x + \alpha_x \,[$. Considérons un sous recouvrement fini extrait de cette famille et notons n_0 le plus grand des indices n_x de cette partie finie.

Tout y de I va appartenir à un de ces O_x, donc on aura : $\left|f_{n_x}(y) - f_{n_x}(x)\right| < \dfrac{\varepsilon}{2}$.

Par choix même de n_x on sait que : $0 \le f_{n_x}(x) < \dfrac{\varepsilon}{2}$. On a donc par inégalité triangulaire : $0 \le f_{n_x}(y) < \varepsilon$.

Or $n_0 \ge n_x$, d'où vu la monotonie de la suite, $0 \le f_{n_0}(y) < \varepsilon$, et pour tout $n \ge n_0$: $0 \le f_n(y) < \varepsilon$. Ceci exprime bien la convergence uniforme vers 0.

Ce théorème est d'une grande importance dans la théorie de la mesure de Lebesgue.

6.1.7 Les fonctions réglées.

Une fonction numérique est dite réglée sur $I = [\,a, b\,]$ si elle admet des limites à droite et à gauche réelles en tout point de *I*. C'est le cas par exemple des fonctions monotones sur *I*. On va montrer qu'une fonction réglée admet un nombre au plus dénombrable de discontinuités. Pour cela notons pour tout x de I : $S(x) = \sup\left\{ \left|f^+(x) - f(x)\right| ; \left|f^-(x) - f(x)\right| \right\}$, valeur maximale des sauts de f en x (écarts entre la valeur de f et les limites respectives à droite et à gauches en ce point). Pour tout entier n non nul on note $D_n = \left\{ x \in I \text{ tel que } S(x) > \dfrac{1}{n} \right\}$. Il est clair que l'ensemble des points de discontinuité de f est la réunion des D_n lorsque n décrit $\mathbb{N} - \{\,0\,\}$. Or on va voir que chacun des D_n est un ensemble fini. Pour cela considérons un $\varepsilon > 0$ donné. Pour chaque x de I on peut trouver un intervalle ouvert O_x centré sur x tel que pour tout couple (t, s) d'éléments de $I \cap O_x$ situés du 'même côté par rapport à x ' on ait $\left|f(t) - f(s)\right| < \varepsilon$. Ceci vu l'existence des limites à droite et à gauche réelles en chaque x. Considérons maintenant un sous recouvrement fini de cette famille et soit x distinct de l'ensemble fini F_ε des centres de ces intervalles. Il est clair que pour t suffisamment voisin de x on aura x et t qui appartiendront à un même ouvert de ce recouvrement et seront du même coté par rapport à son centre. De $\left|f(t) - f(x)\right| < \varepsilon$ on déduit alors facilement en faisant tendre t vers x par la gauche ou la droite : $\left|f^-(x)-f(x)\right|\leq\varepsilon$ et $\left|f^+(x)-f(x)\right|\leq\varepsilon$. Ainsi on a en dehors de l'ensemble fini F_ε : $S(x)\leq\varepsilon$. Il est donc clair que $D_n\subset F_{\frac{1}{n}}$ donc est fini.

6.2 Fonctions de plusieurs variables.

Dans tout ce qui suit et pour simplifier l'exposé, f désignera une fonction de deux variables définie sur un ouvert O de R^2 et $a=(x_0,y_0)$ représente un point particulier de cet ensemble d'étude. Le lecteur étendra sans difficultés les résultats obtenus au cas d'une fonction à plusieurs variables.

6.2.1 Dérivée suivant un vecteur.

Vu la définition d'une partie ouverte, on sait que l'on peut trouver un disque élémentaire centré sur a et de rayon r (nous le noterons D) tel que D soit entièrement contenu dans O. Dans le cadre d'une étude locale en a, nous pouvons donc sans dénaturer la recherche, restreindre la fonction à l'ensemble $D = B(a, r)$. La façon la plus simple pour joindre le centre d'un cercle à partir d'un point intérieur consiste à se déplacer sur un rayon. La direction de ce rayon peut être précisée par un vecteur de R^2, soit $h=(h_1,h_2)$.

Le paramétrage correspondant s'écrira donc : $t\mapsto\varphi(t)=(x_0+th_1,y_0+th_2)$. La composée $t\mapsto g(t)=f\circ\varphi(t)$ est donc une fonction de variable et d'image réelle, définie sur un voisinage de 0. (Sur l'intervalle ouvert de centre 0 et de rayon $\dfrac{r}{\sqrt{h_1{}^2+h_2{}^2}}$).

Par définition, nous dirons que f admet au point $a=(x_0,y_0)$ une dérivée suivant le vecteur $h=(h_1,h_2)$ de R^2 si et seulement si la fonction g définie ci dessus est dérivable en 0 et nous adopterons la notation $D_hf(a)=g'(0)$.

Ainsi : $D_hf(a)=\lim\limits_{t\to 0}\dfrac{f(x_0+th_1,y_0+th_2)-f(x_0,y_0)}{t}$.

Remarquons que vu la structure de R espace de E=R×R, nous pouvons écrire ce qui précède sous la forme condensée $D_hf(a)=\lim_{t\to 0}\dfrac{f(a+th)-f(a)}{t}$.

6.2.2 Dérivées partielles.

Il s'agît simplement de cas particuliers de la dérivation selon un vecteur obtenus lorsque les droites d'approche sont parallèles aux axes canoniques de R×R. Ainsi, si on choisit de se déplacer parallèlement à l'axe des abscisses, dirigé par $h=(1,0)$, donc en gardant une ordonnée constante égale à y_0, on obtiendra la dérivée dite dérivée partielle par rapport à la première variable x, que l'on notera $D_1f(a)$ ou $\frac{\partial f}{\partial x_1}(a)$, ou simplement $\frac{\partial f}{\partial x}(a)$.

$$D_1 f(a) = \frac{\partial f}{\partial x}(a) = \lim_{t\to 0}\frac{f(x_0+t,y_0)-f(x_0,y_0)}{t} = \lim_{x\to x_0}\frac{f(x,y_0)-f(x_0,y_0)}{x-x_0}$$

De même, la dérivée en a selon $h=(0,1)$ sera appelée dérivée partielle par rapport à la deuxième variable y et sera notée $D_2f(a)$ ou $\frac{\partial f}{\partial y}(a)$.

$$D_2 f(a) = \frac{\partial f}{\partial y}(a) = \lim_{t\to 0}\frac{f(x_0,y_0+t)-f(x_0,y_0)}{t} = \lim_{y\to y_0}\frac{f(x_0,y)-f(x_0,y_0)}{y-y_0}$$

6.2.3 Fonctions de classe C^1.

La fonction f définie sur l'ouvert O de R^2 sera dite de classe C^1 sur cet ouvert si et seulement si elle admet des dérivées suivant tout vecteur de R^2 en tout point de O et si pour tout vecteur h de R^2, l'application $a \mapsto D_hf(a)$ est continue sur O.

Cette définition impose une condition universelle très forte de dérivation suivant tout vecteur de R^2. On va voir que l'existence et la continuité des dérivées suivant les deux directions fondamentales suffit en fait pour conclure de façon positive.

Théorème.

Si f admet en tout point de O des dérivées partielles et si les fonctions $x \mapsto Df_1(x)$ ainsi que $x \mapsto Df_2(x)$ sont continues sur l'ouvert O, alors f est de classe C^1 sur O et ses dérivées suivant le vecteur $h=(h_1,h_2)$ sont données en tout point a de O par la formule : $D_h f(a) = h_1 D_1 f(a) + h_2 D_2 f(a)$

Démonstration. Posons pour t non nul voisin de 0 : $g(t)=\dfrac{f(a+th)-f(a)}{t}$.

Ce taux peut facilement se décomposer sous la façon suivante: $g(t)=\dfrac{f(x_0+th_1,y_0+th_2)-f(x_0,y_0+th_2)}{t}+\dfrac{f(x_0,y_0+th_2)-f(x_0,y_0)}{t}$.

Appelons respectivement $g_1(t)$ et $g_2(t)$ les deux fractions apparaissant dans l'ordre ci dessus.

_ La fonction $x\mapsto v(x)=f(x,y_0+th_2)$ est par hypothèse de classe C^1 sur un voisinage de x_0. (Existence et continuité des dérivées partielles de f par rapport à la première variable sur O). De par l'égalité des accroissements finis, il existe un élément c_t strictement compris entre les réels x_0 et x_0+th_1 tel que : $v(x_0+th_1)-v(x_0)=(th_1).\dfrac{\partial f}{\partial x}(c_t,y_0+th_2)$.

On en déduit $g_1(t)=h_1.\dfrac{\partial f}{\partial x}(c_t,y_0+th_2)$. La continuité de D_1f sur O assure alors que $g_1(t)$ admet pour limite $h_1\dfrac{\partial f}{\partial x}(x_0,y_0)$ lorsque t tend vers 0.

_ Un raisonnement analogue montre que la deuxième fraction peut aussi se simplifier en : $g_2(t)=h_2.\dfrac{\partial f}{\partial y}(x_0,d_t)$, avec d_t strictement compris entre y_0 et y_0+th_2, ceci d'après l'existence et la continuité sur O de $x\mapsto Df_2(x)$. Cette même continuité nous permet de conclure que $g_2(t)$ tendra vers $h_2.\dfrac{\partial f}{\partial y}(x_0,y_0)$ lorsque la variable t tend vers 0. On termine avec la règle sur le comportement limite d'une somme :

$$\lim_{t\to 0} g(t)=h_1.\frac{\partial f}{\partial x}(x_0,y_0)+h_2.\frac{\partial f}{\partial y}(x_0,y_0).$$

La fonction f admet donc bien des dérivées en tout point a suivant tout vecteur h de $\mathbb{R}^2$, continues sur O vu la formule ci-dessus et la continuité sur O des dérivées partielles de f. Elle est donc bien de classe C^1 sur l'ouvert O.

6.2.4 Différentielle en un point.

Pour une application *f* est de classe C^1 sur un ouvert *O* de $\mathbb{R}^2$, on appelle différentielle en un point *a* de *O* l'application linéaire de $\mathbb{R}^2$ vers R définie par $(h_1,h_2)\mapsto h_1.\frac{\partial f}{\partial x}(a)+h_2.\frac{\partial f}{\partial y}(a)$.On l'appelle également dérivée de *f* en *a* et on la note *Df*(*a*) ou $f'(a)$. La propriété fondamentale qui suit montre en quel sens cette différentielle généralise la notion de nombre dérivé, si on met l'accent sur les approximations affines locales .

> **Théorème** : Si *f* est de classe C^1 sur l'ouvert *O* de $\mathbb{R}^2$, *f* admet au voisinage de tout point *a* de *O* un développement du type :
> $f(a+h)=f(a)+[f'(a)](h)+\|h\|\varepsilon(h)$ avec $\lim\limits_{h\to(0,0)}\varepsilon(h)=0$

La démonstration utilise encore le même principe de découpage déjà employé plusieurs fois dans ce qui précède, consistant à relier les points *a* et *a*+*h* en se déplaçant sur des parallèles aux axes canoniques de $\mathbb{R}^2$. Ainsi :
$$f(a+h)-f(a)=f(x_0+h_1,y_0+h_2)-f(x_0,y_0+h_2)+f(x_0,y_0+h_2)-f(x_0,y_0)$$
Les deux différences apparaissant peuvent alors s'écrire, conformément à l'égalité des accroissements finis et vu l'existence de dérivées partielles continues, sous la forme : $h_1.\frac{\partial f}{\partial x}(c_h,y_0+h_2)$ pour la première, avec c_h strictement situé entre x_0 et x_0+h_1, $h_2.\frac{\partial f}{\partial y}(x_0,d_h)$ pour la seconde, avec d_h entre y_0 et y_0+h_2. Il vient alors :
$$f(a+h)-f(a)-[f'(a)](h)=h_1.\left(\frac{\partial f}{\partial x}(c_h,y_0+h_2)-\frac{\partial f}{\partial x}(x_0,y_0)\right)+h_2.\left(\frac{\partial f}{\partial y}(x_0,d_h)-\frac{\partial f}{\partial y}(x_0,y_0)\right)$$
Puisque h_1 et h_2 sont majorées en valeur absolue par $\|h\|=\sqrt{h_1^2+h_2^2}$, il est évident de par la continuité des dérivées partielles de *f* sur *O*, que le quotient $\varepsilon(h)=\frac{f(a+h)-f(a)-[f'(a)](h)}{\|h\|}$ tend vers 0 lorsque *h* tend vers (0,0).

La fonction $h\mapsto f(a)+[f'(a)](h)$ apparaît donc bien comme une bonne approximation affine de $h\mapsto f(a+h)$ au voisinage de $(0,0)$. (Ecart négligeable devant la norme de *h*).

D'où l'appellation fonction affine tangente pour la fonction définie sur $\mathbb{R}^2$ par la formule : $x \mapsto T_a(x) = f(a) + [f'(a)](x-a)$.

6.2.5 Fonctions différentiables.

L'étude précédente nous permet de généraliser la notion de fonction dérivée dans le cadre d'une fonction *f* définie sur un ouvert *O* d'un espace normé *E* à valeurs dans un autre espace normé *F*. On dira que *f* est différentiable en un élément *a* de *O* s'il existe une application linéaire continue *u* de *E* vers *F* telle que l'application $x \mapsto f(a) + u(x-a)$ soit une bonne approximation affine locale au voisinage de *a* au sens que : $\lim\limits_{\substack{x \to a \\ x \neq a}} \dfrac{\| f(x) - [f(a) + u(x-a)] \|}{\|x-a\|} = 0$.

L'application *u* si elle existe est unique et on l'appelle dérivée de *f* en *a*. On la note $f'(a)$ ce qui permet d'écrire avec les notations de Landau usuelles, l'égalité : $\|f(x) - f(a) - f'(a)(x-a)\| =_a o(\|x-a\|)$.

Beaucoup de résultats classiques se généralisent alors facilement. Ainsi les formules de linéarisation et de composition. $(\lambda f + g)'(a) = \lambda f'(a) + g'(a)$; $(g \circ f)(a) = g'(f(a)) \circ f'(a)$ dont les démonstrations sont élémentaires. Voici par contre deux autres résultats importants dont nous détaillerons la preuve.

6.2.6 Homéomorphisme différentiables.

On rappelle qu'un homéomorphisme est une application bijective continue sur son ensemble de départ et dont la réciproque est aussi continue en tout point.

Théorème. Soit *f* un homéomorphisme d'un ouvert *O* de l'espace normé *E* vers un ouvert *U* de l'espace *F*. Si *f* est différentiable au point *a* et si $f'(a)$ est un homéomorphisme de *E* vers *F*, alors f^{-1} est différentiable en $f(a)$ et $(f^{-1})'(f(a)) = [f'(a)]^{-1}$.

Démonstration. Notons pour simplifier : $b = f(a)$; $g = f^{-1}$ et $f'(a) = u$.

Par différentiabilité de *f* en *a*, on peut trouver pour tout $\varepsilon > 0$ un réel $\alpha > 0$ tel que (1) : $\|x-a\| < \alpha \Rightarrow \|f(x) - f(a) - u(x-a)\| < \varepsilon \|x-a\|$.

Soit y donné dans U et $x = g(y)$.

Ecrivons $g(y) - g(b) - u^{-1}(y-b) = u^{-1}(u(x-a) - (y-b))$.

Par continuité de l'inverse u^{-1} on a donc :

(2) $\|g(y) - g(b) - u^{-1}(y-b)\| \leq \|u^{-1}\| \times \|u(x-a) - (y-b)\|$. La continuité de $g = f^{-1}$ assure l'existence de $r > 0$ tel que $\|y-b\| < r \Rightarrow \|g(y) - a\| < \alpha$; Sous cette condition on aura donc d'après (1) : $\|y - b - u(x-a)\| < \varepsilon\|x-a\|$, et par suite d'après (2) : $\|g(y) - g(b) - u^{-1}(y-b)\| \leq \|u^{-1}\| \times \|x-a\| \times \varepsilon$.

On en déduit $\|x-a\| - \|u^{-1}\| \times \|y-b\| \leq \|u^{-1}\| \times \|x-a\| . \varepsilon$. Si ε est choisi assez petit de façon que $\varepsilon . \|u^{-1}\| < 1$, on en déduit alors $\|x-a\| \leq \dfrac{\|u^{-1}\| \times \|y-b\|}{1 - \varepsilon\|u^{-1}\|}$.

On peut donc écrire maintenant si $\varepsilon . \|u^{-1}\| < \dfrac{1}{2}$, la majoration suivante : $\|g(y) - g(b) - u^{-1}(y-b)\| \leq 2\|u^{-1}\|^2 \times \|y-b\| \times \varepsilon$, pour tout y tel que $\|y-b\| < r$. Ceci étant réalisé sur un voisinage de b, et vu la continuité supposée de la réciproque u^{-1}, on peut conclure que g est dérivable en b et que $g'(b) = u^{-1}$.

6.2.7 Le théorème des accroissements finis.

Soit f une application dérivable de l'intervalle $I = [\, a, b \,]$ vers l'espace normé F et φ un application dérivable de I vers $\mathbb{R}$. On suppose que pour tout x de I on ait $\|f'(x)\| \leq \varphi'(x)$, alors on peut conclure : $\|f(b) - f(a)\| \leq \varphi(b) - \varphi(a)$.

Démonstration. Soit $\varepsilon > 0$ donné. On considère l'ensemble A des x de I tels que pour tout t de $[\, a, x \,]$ on ait (F_t): $\|f(t) - f(a)\| \leq \varphi(t) - \varphi(a) + \varepsilon(t-a)$.

Cet ensemble est non vide car a en est de manière évidente un élément. Il est majoré par b donc admet une borne supérieure c élément de $I = [\, a, b \,]$. Par continuité de f et φ, l'inégalité (F_t) se conserve en passant à la limite lorsque t devient voisin de la borne supérieure. Ainsi c fait partie de A.

Supposons $c < b$. Les dérivabilités de f et φ en c nous disent qu'il existe un $r > 0$ tel que $|t - c| < r \Rightarrow \begin{cases} \|f(t) - f(c) - f'(c)(t-c)\| < \frac{\varepsilon}{2}|t-c| \\ |\varphi(t) - \varphi(c) - \varphi'(c)(t-c)| < \frac{\varepsilon}{2}|t-c| \end{cases}$.

Par inégalités triangulaires et vu l'hypothèse $\|f'(c)\| \leq \varphi'(c)$, on en déduit pour tout t de $[c, c+r[$: $\|f(t) - f(c)\| \leq \varphi(t) - \varphi(c) + \varepsilon(t-c)$. Or c étant élément de A, on a : $\|f(c) - f(a)\| \leq \varphi(c) - \varphi(a) + \varepsilon(c-a)$. Donc à nouveau, par l'inégalité triangulaire : $\|f(t) - f(a)\| \leq \varphi(t) - \varphi(a) + \varepsilon(t-a)$.
Ainsi tout élément de $[c, c+r[$ sera élément de A, ce qui contredit $c = \sup(A)$. Comme $c = b$ on a donc pour tout $\varepsilon > 0$: $\|f(b) - f(a)\| \leq \varphi(b) - \varphi(a) + \varepsilon(b-a)$. Il suffit maintenant de faire tendre ε vers 0 pour conclure l'inégalité attendue.

Corollaire : Soit f continue sur un ouvert O d 'un espace normé E à valeurs dans un espace normé F. On considère deux points a et b de O tel que le segment $S = [a, b]$ soit inclus dans O et tel que f dérivable en tout point de S. On note $M = \sup\{\|f'(x)\| \,;\, x \in S\}$. On a alors : $\|f(b) - f(a)\| \leq M\|b-a\|$.
Il suffit de paramétrer S et d'appliquer le théorème ci-dessus aux fonctions définies sur $I = [0, 1]$ par : $t \mapsto f(ta + (1-t)b)$ et $t \mapsto \varphi(t) = M.\|b-a\| \times t$.
Nous terminerons ce panorama sur l'extension de la notion de dérivation par un important théorème de convergence.

6.2.8 Convergence d'une suite de dérivées.

Théorème.

Soit $n \mapsto f_n$ une suite de fonctions dérivables sur une boule ouverte B d'un espace normé à valeurs dans un espace de Banach F. On suppose que la suite des dérivées $n \mapsto f'_n$ converge uniformément dans l'espace de Banach $L(E,F)$ et qu'il existe un a de B tel que la suite $n \mapsto f_n(a)$ converge dans F. On peut alors conclure que les f_n convergent uniformément vers une fonction f dérivable sur B et telle que $f' = \lim\limits_{n\to\infty} f'_n$.

Démonstration.

Vu la convergence uniforme des dérivées, on peut toujours pour $\varepsilon > 0$ donné, trouver un rang n_0 tel que pour $p \geq q \geq n_0$ et tout x de B : $\|f'_p(x) - f'_q(x)\| < \varepsilon$. On a alors d'après le théorème vu précédemment : $\|f_p(x) - f_q(x) - [f_p(a) - f_q(a)]\| < \varepsilon\|x - a\|$. Si r désigne le rayon de B on aura donc par inégalité classique : $\|f_p(x) - f_q(x)\| \leq \|f_p(a) - f_q(a)\| + \varepsilon . r$. La convergence de la suite $n \mapsto f_n(a)$ permet alors d'établir que la suite $n \mapsto f_n$ satisfait à la condition de Cauchy donc converge uniformément vers une fonction f car F est complet. Montrons que f est dérivable en a. Commençons par choisir pour q fixé un $\alpha > 0$ tel que $\|x - a\| < \alpha$ entraîne la majoration $\|f_q(x) - f_q(a) - f'_q(a)(x-a)\| \leq \varepsilon\|x - a\|$. On en déduit par inégalité triangulaire, toujours pour $p \geq q \geq n_0$, l'inégalité :
$\|f_p(x) - f_p(a) - f'_q(a)(x-a)\| < 2\varepsilon\|x - a\|$. On a alors en faisant tendre p vers l'infini, et toujours avec q fixé : $\|f(x) - f(a) - f'_q(a)(x-a)\| < 2\varepsilon\|x - a\|$

Il reste à utiliser la convergence des dérivées. Elle assure que si on prend q assez grand on aura $\|g - f'_q\| \leq \varepsilon$ avec $g = \lim\limits_{n\to\infty} f'_n$.

On en déduit $\|f'_q(a)(x-a) - g(a)(x-a)\| \leq \varepsilon\|x - a\|$.

Ceci donne avec l'inégalité précédente sur f, la relation :
$\|f(x) - f(a) - g(a)(x-a)\| < 3\varepsilon\|x - a\|$.

La fonction limite f est donc bien dérivable en a avec $f'(a) = g(a)$.

On termine en reprenant l'étude en n'importe quel x de B car on sait maintenant que $f_n(x)$ converge en tout point de cette boule.

6.3 Intégrales fondamentales.

6.3.1 Fonction Gamma.

On la définit sur $]0,+\infty[$ par : $\boxed{x \mapsto \Gamma(x) = \int_0^{+\infty} t^{x-1} e^{-t}\, dt}$.

Nous donnons ici sans démonstrations les propriétés essentielles.

$\forall x > 0 : \Gamma'(x) = \int_0^{+\infty} t^{x-1} e^{-t} \ln(t)\, dt$. $\lim\limits_{x \to +\infty} \Gamma(x) = +\infty$; $\lim\limits_{x \to 0^+} \Gamma(x) = +\infty$.

$\forall x > 0 \ \ \Gamma(x+1) = x\Gamma(x)$; $\forall n \in \mathbb{N} \ \ \Gamma(n+1) = n!$.

Formule de Gauss : $\boxed{\forall x > 0 : \Gamma(x) = \lim\limits_{n \to +\infty} \dfrac{n!\, n^x}{x(x+1).....(x+n)}}$.

Formule des compléments : $\boxed{\forall x \in]0,1[\ \ \Gamma(x)\Gamma(1-x) = \dfrac{\pi}{\sin(\pi x)}}$.

Formule de Weierstrass : $\boxed{\forall x > 0 : \dfrac{1}{\Gamma(x)} = x e^{\gamma x} \prod_{n=1}^{n=+\infty} (1+\dfrac{x}{n}) e^{\frac{-x}{n}}}$.

γ constante d'Euler : $\gamma = \lim\limits_{n \to +\infty} 1 + \dfrac{1}{2} + ... + \dfrac{1}{n} - \ln(n) = -\int_0^{+\infty} e^{-t} \ln(t)\, dt$.

La fonction $z \mapsto \dfrac{1}{\Gamma(z)} = z e^{\gamma . z} \prod_{n=1}^{n=+\infty} (1+\dfrac{z}{n}) e^{\frac{-z}{n}}$ est en fait analytique dans tout le plan complexe. On en déduit que l'on peut prolonger la fonction Gamma en une fonction analytique sur $\mathbb{C}$ privé des points entiers négatifs ou nuls qui sont en fait des pôles simples.

6.3.2 Fonction Béta d'Euler.

Définie par : $(x,y) \mapsto B(x,y) = \int_0^1 t^{x-1}(1-t)^{y-1}\,dt$.

La convergence est évidente si x et y sont strictement positifs. Dans le cas complexe les parties réelles de ces deux nombres doivent être dans $]0,+\infty[$.
La fonction Béta s'évalue à l'aide de la fonction Gamma par la formule :

$$\boxed{B(x,y) = \frac{\Gamma(x)\Gamma(y)}{\Gamma(x+y)}}.$$

Une des méthodes consiste à transformer $\Gamma(x)$ par le changement $t = u^2$. On écrit alors $\Gamma(x)\times\Gamma(y) = 4\int_0^{+\infty}\int_0^{+\infty} u^{2x-1}v^{2x-1}e^{-u^2-v^2}\,dudv$.

Puis on passe en coordonnées polaires, ce qui nous donne facilement : $\Gamma(x)\times\Gamma(y) = 4\int_0^{+\infty}\int_0^{\frac{\pi}{2}} r^{2x+2y-1}\cos^{2x-1}(\theta)\sin^{2y-1}(\theta)e^{-r^2}\,d\theta dr$. Or par changement de variable élémentaire, on a : $B(x,y) = 2\int_0^{\frac{\pi}{2}}\cos^{2x-1}(\theta)\sin^{2y-1}(\theta)\,d\theta$.

On est donc conduit à $\Gamma(x)\times\Gamma(y) = 2B(x,y)\int_0^{+\infty} r^{2x+2y-1}e^{-r^2}\,dr$.

Il suffit maintenant de poser $r = \sqrt{t}$ pour voir apparaître $\frac{1}{2}\Gamma(x+y)$ dans l'intégrale restante.

6.3.3 Transformée de Laplace.

A la fonction de variable réelle $x \mapsto f(x)$ continue sur $[0,+\infty[$ on associe la fonction de variable complexe : $p \mapsto F(p) = \int_0^{+\infty} f(x)e^{-px}\,dx$ appelée transformée de Laplace de *f*. On la notera dans la suite : *F*=$\mathfrak{L}$(*f*).
On définit son abscisse de convergence comme le réel a_0 borne inférieure des réels a tels que $\int_0^{+\infty}|f(x)|e^{-ax}\,dx < +\infty$. La transformée F est alors défini sur le demi plan des complexes *p* tels que $\mathrm{Re}(p) > a_0$.
Voici les transformées et les règles usuelles, à faire en exercices.

Transformées usuelles.

$f(x)$	$F(p)$	a_0	remarques
x^{α}	$\dfrac{\Gamma(\alpha+1)}{p^{\alpha+1}}$	0	$\alpha > -1$
e^{ax}	$\dfrac{1}{p-a}$	Re(a)	a complexe
$\ln(x)$	$\dfrac{1}{p}(-Log(p)-\gamma)$	0	*Log* détermination principale du logarithme. γ constante d'Euler.
$\cos(\omega x)$	$\dfrac{p}{p^2+\omega^2}$	0	ω réel.
$\sin(\omega x)$	$\dfrac{\omega}{p^2+\omega^2}$	0	ω réel.

Règles de transformation.

$F=\mathcal{L}(f)$; $G=\mathcal{L}(g)$.

$f(x)+g(x) \mapsto F(p)+G(p)$; $\lambda f(x) \mapsto \lambda F(p)$ (λ constante complexe)

$f(x)*g(x)=\int_0^x f(t)g(x-t)dt \mapsto F(p)G(p)$.

$f(ax) \mapsto \dfrac{1}{a}F(ap)$; $-xf(x) \mapsto F'(p)$.

$f'(x) \mapsto pF(p)-f(0^+)$; $\int_0^x f(t)dt \mapsto \dfrac{F(p)}{p}$.

6.4 Exercices divers.

1. Soit f fonction définie par : $\forall\, x\in\,]0,1]$ $f(x)=x^2\cos(\frac{1}{x})-x^2$ et $f(0)=0$.

a) Montrer que f est dérivable sur $[0,1]$ et que $\forall x\in[0,1]$ $f'(x)<1$.

b) Montrer que $1=\sup\{\,f'(x)$; x décrivant $[0,1]\}$

c) f est-elle de classe C^1 sur $[0,1]$?

2. Déterminer les dérivées d'ordre n quelconque des fonctions définies par les formules suivantes, en précisant pour chacune le plus vaste ensemble de définition.

$\ln(1+3x)$	$\sin^2(x)$	$\sqrt{1+2x}$	$x^2\cos(x)$
$\dfrac{3x+2}{x^2-4}$	$\cos^3(x)$	$e^{2x}\sin(x)$	$\dfrac{1}{\sqrt[3]{x-1}}$

3. Déterminer les fonctions de R dans R satisfaisant à la propriété suivante : $\forall x\in\mathbb{R}$, $\forall y\in\mathbb{R}$: $|f(x)-f(y)|\le|x-y|^2$.

4. Soit f la fonction numérique définie sur R par $f(x)=\sqrt{-x+\sqrt{1+x^2}}$.
Donner une méthode pour expliciter les dérivées successives de f à l'origine.

5. Soit f une fonction numérique de classe C^n sur $]0,+\infty[$. (n entier ≥ 1).
On lui associe la fonction g définie sur $]0,+\infty[$ par $g(x)=x^{n-1}f(\frac{1}{x})$.
Montrer que g est aussi de classe C^n sur $]0,+\infty[$ et que sa dérivée d'ordre n s'obtient sur cet intervalle suivant la formule : $g^{(n)}(x)=(-1)^n\left(\frac{1}{x^{n+1}}\right)f^{(n)}(\frac{1}{x})$.

6. f désigne une fonction numérique dérivable sur R. On lui associe la fonction g définie sur R par la formule $g(x)=2f(x)-xf'(x)$.

a) Montrer que si f est paire, alors g est également paire. b) Montrer que g peut être paire sans que f ne le soit. c) On suppose de plus que $f''(0)$ existe. Montrer que la parité de g entraîne maintenant la parité de f.

7. On considère une fonction f de classe C^2 sur $\mathbb{R}$. On suppose f et f'' bornées et on pose $A=\sup\{|f(x)|\ ; x\in\mathbb{R}\}$ et $C=\sup\{|f''(x)|\ ; x\in\mathbb{R}\}$.

a) Montrer que $\forall x\in\mathbb{R}$ et $\forall h>0$: $|f'(x)|\leq\dfrac{2A}{h}+\dfrac{hC}{2}$ (On pourra commencer par encadrer $f'(x+h)-f'(x)$, puis intégrer par rapport à h).

b) Montrer que pour tout x réel : $|f'(x)|\leq 2\sqrt{AC}$.

8. Soit f une fonction numérique de classe C^2 sur $\mathbb{R}$ telle que $f(\mathbb{R})$ soit majoré et que $f''(\mathbb{R})\subset[0,+\infty[$. Montrer que f est une fonction constante.

9. On suppose qu'une fonction numérique f définie sur un voisinage de a admet une meilleure approximation affine locale $x\mapsto t(x)=\alpha+l(x-a)$, au sens que pour toute application affine g il existe un voisinage de a sur lequel on aura $|f(x)-t(x)|\leq|f(x)-g(x)|$. En déduire que f est dérivable au point a.

10. On suppose que la fonction numérique f est dérivable sur $[a,b]$ et que sa dérivée est intégrable Riemann sur cet intervalle. Montrer que $\int_a^b f'(x)dx=f(b)-f(a)$.

11. On suppose que f est continue sur un intervalle I, dérivable sur cet intervalle sauf sur un ensemble dénombrable de points noté D, avec $\forall x\in I-D$: $f'(x)>0$. Montrer que f est croissante sur I.

12. On appelle σ dérivation sur un anneau A, toute application δ de A vers A telle que : $\forall(x,y)\in A\times A$: $\begin{cases}\delta(x+y)=\delta(x)+\delta(y)\\ \delta(x.y)=\delta(x).y+\sigma(x)\delta(y)\end{cases}$, avec σ endomorphisme donné de l'Anneau A.

a) Donner une formule explicitant pour n entier donné $\delta^n(x.y)$

b) Que devient cette formule dans le cas où δ commute avec σ ?

c) Montrer que l'opérateur des différences premières s'inscrit dans ce cadre.

Corrigés.

1. a) Sur $]0,1]$ f est dérivable suivant les théorèmes classiques sur les sommes, produits, composées, selon la formule :

$$f'(x) = 2x\cos(\frac{1}{x}) + \sin(\frac{1}{x}) - 2x = 2x(\cos(\frac{1}{x}) - 1) + \sin(\frac{1}{x}).$$

_ Si $\cos(\frac{1}{x}) < 1$, on a alors $f'(x) < \sin(\frac{1}{x})$, donc $f'(x) < 1$.

_ Si $\cos(\frac{1}{x}) = 1$, il vient $f'(x) = \sin(\frac{1}{x}) = 0 < 1$.

Examinons la dérivabilité en 0.

$\lim\limits_{x\to 0} \frac{f(x) - f(0)}{x - 0} = \lim\limits_{x\to 0} x\cos(\frac{1}{x}) - x = 0$. Ainsi : $f'(0) = 0 < 1$.

b) Pour montrer que 1 est le plus petit majorant des valeurs de f', il suffit de montrer que tout nombre strictement inférieur à 1, (soit du type $1-\varepsilon$ avec $\varepsilon > 0$), pourra être dépassé par un $f'(x)$ avec x convenablement choisi. Pour cela essayons des nombres du type $x_n = \frac{1}{\frac{\pi}{2} + 2n\pi}$ avec n entier. On obtient

$f'(x_n) = 1 - 2x_n$. On en déduit l'équivalence : $f'(x_n) > 1 - \varepsilon \Leftrightarrow x_n < \frac{\varepsilon}{2}$.

Or ceci sera toujours réalisable à partir d'un certain rang car la suite $n \mapsto x_n$ converge vers 0.

c) Si f était de classe C^1 sur $[0,1]$, l'image de ce fermé borné $[0,1]$ par la fonction continue f' serait encore un intervalle fermé borné. La borne supérieure 1 de la dérivée serait alors atteinte au moins une fois par f' sur l'intervalle, ce que contredit le résultat a).

2. En numérotant les fonctions proposées, 1,3,8 sont des composées de fonctions usuelles (logarithme ou racines) avec une fonction affine ; 4,7 sont des produits et se traiteront avec Leibniz ; 2,6 peuvent se linéariser en combinaisons de sinus et cosinus de multiples de x.

Enfin 5 se règle en décomposant la fraction en éléments simples. On obtient alors après simplifications pour tout $n \geq 1$:

Sur $]-\frac{1}{3}, +\infty[$, $\left(\ln(1+3x)\right)^{(n)} = 3^n(-1)^{n-1}\frac{(n-1)!}{(3x+1)^n}$

Sur R, $\sin^2(x) = \frac{1-\cos(2x)}{2}$, donc $\left(\sin^2(x)\right)^{(n)} = -2^{n-1}\cos(2x+n\frac{\pi}{2})$

Sur $]-\frac{1}{2},+\infty[$, $\left(\sqrt{1+2x}\right)^{(n)} = (-1)^{n-1}(3)(5).....(2n-3)(1+2x)^{\frac{1}{2}-n}$

Sur R, $\left(x^2\cos(x)\right)^{(n)} = \left(x^2 - n(n-1)\right)\cos(x+n\frac{\pi}{2}) + 2nx\sin(x+n\frac{\pi}{2})$

Sur R-{-2, 2}, $\frac{3x+2}{x^2-4} = \frac{1}{x+2} + \frac{2}{x-2}$, donc :

$$\left(\frac{3x+2}{x^2-4}\right)^{(n)} = (-1)^n n!\left(\frac{1}{(x+2)^{n+1}} + \frac{2}{(x-2)^{n+1}}\right)$$

Sur R, $\cos^3(x) = \frac{\cos(3x)+3\cos(x)}{4}$, donc :

$$\left(\cos^3(x)\right)^{(n)} = \frac{1}{4}\left(3^n\cos(3x+n\frac{\pi}{2}) + 3\cos(x+n\frac{\pi}{2})\right)$$

Sur R, $\left(e^{2x}\sin(x)\right)^{(n)} = e^{2x}\left(\sum_{k=0}^{k=n} C_n^k 2^k \sin(x+(n-k)\frac{\pi}{2})\right)$

Sur $]1, +\infty[$, $\left(\frac{1}{\sqrt[3]{x-1}}\right)^{(n)} = \left((x-1)^{-\frac{1}{3}}\right)^{(n)} = \left(\prod_{k=0}^{k=n-1}(-\frac{1}{3}-k)\right)(x-1)^{-\frac{1}{3}-n}$

3. Soit a un réel quelconque fixé. D'après l'hypothèse sur f on peut alors dire que pour tout réel x : $|f(x)-f(a)| \leq |x-a|^2$. On en déduit pour $x \neq a$: $\left|\frac{f(x)-f(a)}{x-a}\right| \leq |x-a|$. Par suite, vu le théorème d'encadrement : $\lim_{x\to a}\frac{f(x)-f(a)}{x-a} = 0$, c'est à dire que f est dérivable en a, de dérivée nulle en ce point, et ceci pour tout a. La fonction f de dérivée nulle sur R entier est donc nécessairement constante. Ce sont les seules fonctions solutions.

4. Remarquons pour commencer que pour tout réel x : $\sqrt{1+x^2} > \sqrt{x^2} = |x|$. La fonction φ définie sur R par la formule $\varphi(x) = \sqrt{1+x^2} - x$ a donc toutes ses valeurs dans l'intervalle $]0,+\infty[$ et est dérivable sur R entier selon $\varphi'(x) = \dfrac{x}{\sqrt{1+x^2}} - 1 = -\dfrac{\varphi(x)}{\sqrt{1+x^2}}$. Il s'ensuit, d'après le théorème de composition, que f sera dérivable aussi sur R entier suivant la formule : $f'(x) = \left(\sqrt{\varphi(x)}\right)' = \dfrac{\varphi'(x)}{2\sqrt{\varphi(x)}} = -\dfrac{\sqrt{\varphi(x)}}{2\sqrt{1+x^2}} = -\dfrac{f(x)}{2\sqrt{1+x^2}}$. On en déduit en particulier que f' sera dérivable sur R d'après le théorème du quotient. Notons également l'égalité pratique : $4(1+x^2)\left(f'(x)\right)^2 = \left(f(x)\right)^2$. En dérivant cette relation fonctionnelle, on en déduit d'abord, pour tout réel x :

$$4\left(2x\left(f'(x)\right)^2 + 2(1+x^2)f'(x)f''(x)\right) = 2f(x)f'(x).$$

En simplifiant par la quantité non nulle $2f'(x)$, on obtient la relation :

$$\boxed{4(1+x^2)f''(x) + 4xf'(x) - f(x) = 0}$$

Montrons par récurrence que f est de classe C^n pour tout entier n.
L'étude précédente a établi la dérivabilité à l'ordre 2 en tout réel. La fonction f est donc au moins de classe C^1 sur R.
Supposons f de classe C^n sur R pour un entier n donné et examinons la relation fonctionnelle $f''(x) = \dfrac{f(x) - 4xf'(x)}{4(1+x^2)}$ déduite directement de l'équation obtenue ci dessus. Par hypothèse sur f, le numérateur apparaît comme une fonction de classe C^{n-1}, vu les théorèmes sur les sommes et produits. Quant au dénominateur, il s'agit d'une fonction polynôme donc de classe C^∞.
La dérivée seconde de f est donc au moins de classe C^{n-1} sur R, ce qui assure que f est elle au moins de classe $(n-1)+2 = n+1$. De proche en proche, suivant le principe de récurrence, on en déduit bien que f est de classe C^n quel que soit l'entier n proposé. On peut donc maintenant dériver à un ordre quelconque n la relation fondamentale déterminée plus haut. D'après la formule de Leibniz et après simplifications, on obtient pour n supérieur ou égal à 2 : $4\left((1+x^2)f^{(n+2)}(x) + (2n+1)x.f^{(n+1)}(x) + n^2 f^{(n)}(x)\right) = f^{(n)}(x)$.

Pour x=0, cette égalité se simplifie en : $f^{(n+2)}(0)=\left(\frac{1}{4}-n^2\right)f^{(n)}(0)$, permettant le calcul de proche en proche des dérivées successives à l'origine à partir des sources $f'(0)=-\frac{1}{2}$ et $f''(0)=\frac{1}{4}$.

5. Procédons par récurrence. Pour n=1 la formule donnant $g'(x)$ n'est autre que celle obtenue en dérivant la fonction composée $x\mapsto f(\frac{1}{x})$. On obtient $g'(x)=-\frac{1}{x^2}f'(\frac{1}{x})$ qui définit bien d'après le théorème du produit une fonction continue sur $]0,+\infty[$. Supposons la propriété étudiée vraie pour un entier n, et examinons la fonction g définie sur $]0,+\infty[$ par $g(x)=x^n f(\frac{1}{x})=xh(x)$ avec $h(x)=x^{n-1}f(\frac{1}{x})$.

D'après l'hypothèse de récurrence à l'ordre n on en déduit que h est de classe C^n et que sa dérivée d'ordre n est définie sur l'intervalle $]0,+\infty[$ par $h^{(n)}(x)=(-1)^n\left(\frac{1}{x^{n+1}}\right)f^{(n)}(\frac{1}{x})$.

La fonction f étant supposée de classe C^{n+1} sur $]0,+\infty[$, on pourra donc dériver $h^{(n)}$ sur cet intervalle en utilisant les théorèmes sur la composition et le produit. Il vient : $h^{(n+1)}(x)=(-1)^n\left(-\frac{(n+1)}{x^{n+2}}f^{(n)}(\frac{1}{x})-\frac{1}{x^{n+3}}f^{(n+1)}(\frac{1}{x})\right)$.

D'après Leibniz, g est alors dérivable à l'ordre n+1 sur $]0,+\infty[$ selon la formule :

$$g^{(n+1)}(x)=xh^{(n+1)}(x)+(n+1)h^{(n)}(x)=(-1)^n\left(-\frac{1}{x^{n+2}}f^{(n+1)}(\frac{1}{x})\right)=(-1)^{n+1}\frac{1}{x^{(n+1)+1}}f^{(n+1)}(\frac{1}{x}).$$

Ceci est bien la formule de dérivation attendue à l'ordre n+1. Il reste à remarquer que la fonction $g^{(n+1)}$ ainsi définie est bien continue sur $]0,+\infty[$ d'après la continuité de $f^{(n+1)}$ sur ce même intervalle et les théorèmes sur la composition et le produit de fonctions continues. Ceci assure que g est effectivement de classe C^{n+1} sur $]0,+\infty[$ et achève la vérification de l'hérédité. La propriété étudiée est donc bien vraie pour tout entier $\geq$1.

6. a) Si f est paire on peut donc écrire sur R entier l'égalité : $f(-x) = f(x)$. D'après la dérivabilité supposée de f et moyennant le théorème de composition, on tire de l'égalité fonctionnelle ci dessus la relation :
$\forall x \in \mathbb{R} : \ -f'(-x) = f'(x)$.

On en déduit alors pour tout x réel, les égalités suivantes : $g(-x) = 2f(-x) + xf'(-x) = 2f(x) - xf'(x) = g(x)$, justifiant la parité de la fonction g.

b) On montre sans problèmes que la fonction f proposée est dérivable sur R avec $f'(x) = 2x$ sur $]-\infty, 0[$; $f'(x) = 6x$ sur $]0, +\infty[$ et $f'(0) = 0$ (limite commune à droite et à gauche du taux d'accroissement en ce point). Cette fonction n'est pas paire, mais la fonction associée g construite par le procédé de l'exercice l'est cependant puisque ce n'est autre que la fonction identiquement nulle.

c) L'hypothèse g paire se traduit comme vu plus haut par l'égalité valable sur R entier : $2f(-x) + xf'(-x) = 2f(x) - xf'(x)$ ou encore par la relation $2d(x) - xd'(x) = 0$, en posant $d(x) = f(-x) - f(x)$.

On en déduit que sur chacun des deux intervalles $I =]-\infty, 0[$ ou $J =]0, +\infty[$, la fonction q définie par le quotient $x \mapsto \dfrac{d(x)}{x^2}$ a pour dérivée en chaque point $\dfrac{xd'(x) - 2d(x)}{x^3} = 0$. La fonction q garde donc une valeur constante α sur I et une valeur constante β sur J. Ainsi $d(x) = \alpha x^2$ sur $]-\infty, 0[$ et $d(x) = \beta x^2$ sur $]0, +\infty[$. Ces formules sont aussi vraies au point 0, car par définition de d, $d(0) = f(-0) - f(0) = 0$.

On en déduit que d est dérivable sur R entier selon les formules :

Sur I : $d'(x) = 2\alpha x$; sur J : $d'(x) = 2\beta x$ et $d'(0) = 0$.

Or d définie sur R par $d(x) = f(-x) - f(x)$ est dérivable selon la formule $d'(x) = -f'(-x) - f'(x)$.

Elle admet donc, vu l'existence supposée de $f''(0)$, une dérivée seconde à l'origine égale à : $d''(0) = f''(0) - f''(0) = 0$.

En utilisant ce qui précède il vient alors :

$0=\lim_{x\to 0^-}\dfrac{d'(x)-d'(0)}{x-0}=\lim_{x\to 0^-}2\alpha=2\alpha$ et de même :

$0=\lim_{x\to 0^+}\dfrac{d'(x)-d'(0)}{x-0}=\lim_{x\to 0^+}2\beta=2\beta$. La fonction d est donc identiquement nulle sur $\mathbb{R}$, ce qui traduit la parité de f.

7. a) La fonction f' étant de classe C^1 sur $\mathbb{R}$, on peut lui appliquer le théorème des accroissements finis sur tout intervalle du type $[\,x, x+h\,]$ avec x réel et $h>0$.

Il existe donc un élément c de cet intervalle tel que $f'(x+h)-f'(x)=hf''(c)$. Puisque par hypothèse f'' est bornée en valeur absolue par C sur $\mathbb{R}$ on en déduit l'encadrement : $\forall x\in\mathbb{R},\ \forall h\in]0,+\infty[$: $-Ch\leq f'(x+h)-f'(x)\leq Ch$.

Pour x fixé, la fonction $h\mapsto f'(x+h)-f'(x)$ n'est autre que la dérivée de la fonction φ définie sur $]0,+\infty[$ par $\varphi(h)=f(x+h)-hf'(x)$.

On peut donc écrire, d'après le principe de comparaison par intégration, que pour tout $h>0$: $-C\dfrac{h^2}{2}\leq\varphi(h)-\varphi(0)\leq C\dfrac{h^2}{2}$. Puisque $\varphi(0)=f(x)$, il vient alors : $\forall x\in\mathbb{R},\ \forall h\in]0,+\infty[\ -C\dfrac{h^2}{2}\leq f(x+h)-f'(x)h-f(x)\leq C\dfrac{h^2}{2}$.

On en déduit $|f'(x)h|\leq C\dfrac{h^2}{2}+|f(x+h)-f(x)|\leq C\dfrac{h^2}{2}+2A$ car A majore la valeur absolue de n'importe quelle image par f.

En définitive : $\forall x\in\mathbb{R},\ \forall h\in]0,+\infty[\ \ |f'(x)|\leq C\dfrac{h}{2}+\dfrac{2A}{h}$.

b) Cherchons à tirer partie au mieux de cette inégalité en étudiant les valeurs possibles du majorant fonction de $h>0$. La fonction $h\mapsto g(h)=C\dfrac{h}{2}+\dfrac{2A}{h}$ se dérive classiquement sur $]0,+\infty[$ suivant $g'(h)=\dfrac{C}{2}-\dfrac{2A}{h^2}=\dfrac{Ch^2-4A}{2h^2}$. Elle présente donc un minimum au point $h_0=2\sqrt{\dfrac{A}{C}}$, de valeur $\varphi(h_0)=2\sqrt{A.C}$.

Pour cette valeur de h on obtient la majoration optimale de $f'(x)$, valable pour tout réel x, soit : $|f'(x)| \leq 2\sqrt{\text{A.C}}$.

8. Remarquons d'abord que la fonction dérivée f' est croissante sur R, puisque la dérivée seconde de f ne prend par hypothèse que des valeurs positives ou nulles. Soit a un réel pour lequel $f'(a) = \alpha > 0$. On en déduit donc que pour $x \geq a$ on a aussi $f'(x) \geq \alpha$. D'après le principe de comparaison par intégration on peut donc écrire, pour tout réel x de l'intervalle $[a, +\infty[$, la minoration : $f(x) - f(a) \geq \alpha(x - a)$. Or la fonction $x \mapsto \alpha(x - a)$ tend vers $+\infty$ lorsque x tend vers $+\infty$ (car $\alpha > 0$). On en déduit d'après la minoration ci dessus que $f(x)$ tend aussi vers $+\infty$ lorsque la variable x tend vers $+\infty$, ce qui contredit l'hypothèse $f(\mathrm{R})$ majoré.

Soit maintenant a un réel tel que $f'(a) = \beta < 0$. D'après la croissance de f' on en déduit que $f'(x) \leq \beta$ pour tout réel $x \leq a$, puis par intégration, que $\forall x \leq a : f(x) - f(a) \geq \beta(x - a)$. (Inversion de l'inégalité sur les dérivées lorsqu'on travaille sur des variables inférieures au point initial a). Puisque $\lim\limits_{x \to -\infty} \beta(x - a) = +\infty$ ($\beta < 0$), on conclut que $\lim\limits_{x \to -\infty} f(x) = +\infty$, ce qui contredit encore le caractère majoré de l'ensemble des valeurs de f. La seule possibilité est donc la nullité de la fonction dérivée sur tout l'ensemble des réels, donc la constance de f sur R.

9. Par hypothèse, pour tout réel m, $t(x)$ approche localement mieux $f(x)$ que $h(x) = \alpha + m(x - a)$. On peut donc trouver un voisinage V de a tel que sur $V \cap \mathrm{I}$: $|f(x) - (\alpha + l(x - a))| \leq |f(x) - (\alpha + m(x - a))|$, donc tel que pour x de $V \cap I - \{a\}$: $|g(x) - l| \leq |g(x) - m|$ en posant $g(x) = \dfrac{f(x) - \alpha}{x - a}$.

Pour $\varepsilon > 0$ donné, utilisons la propriété ci dessus pour les réels $m = l + \varepsilon$ et $m = l - \varepsilon$. Il existe alors un voisinage V de a, défini par intersection, tel que sur $V \cap I - \{a\}$: $|g(x) - l| \leq |g(x) - l - \varepsilon|$ et $|g(x) - l| \leq |g(x) - l + \varepsilon|$.

Ceci entraîne nécessairement pour les x de la zone considérée : $|g(x) - l| < \varepsilon$.

Supposons en effet $g(x) \geq l + \varepsilon$.

La première inégalité se traduit alors : $g(x) - l \leq g(x) - l - \varepsilon$, ce qui est impossible car $\varepsilon > 0$. De même, si on avait $g(x) \leq l - \varepsilon$, la deuxième inégalité donnerait : $l - g(x) \leq -g(x) + l - \varepsilon$, également contradictoire avec le signe de ε. Pour tout réel $\varepsilon > 0$ on a donc trouvé un voisinage V de a tel que $\forall x \in V \cap I - \{a\}$: $|g(x) - l| < \varepsilon$. Ceci n'est autre que la définition originelle de $\lim_{\substack{x \to a \\ x \neq a}} g(x) = l$. Puisque $f(x) - \alpha = (x-a)g(x)$ on en déduit d'après le théorème du produit que $\alpha = \lim_{\substack{x \to a \\ x \neq a}} f(x)$. Reste à établir $\alpha = f(a)$. Ceci se montre en utilisant le fait que $t(x)$ approche localement mieux $f(x)$ que la fonction affine constante $x \mapsto h(x) = f(a)$.

On a donc en particulier au point a, présent dans chacun des voisinages de ce point : $|f(a) - t(a)| \leq |f(a) - f(a)|$, c'est à dire $|f(a) - \alpha| \leq 0$, d'où l'on tire $\alpha = f(a)$. On a donc en définitive : $\lim_{x \to a} \dfrac{f(x) - f(a)}{x - a} = l$. f est bien dérivable en a avec $f'(a) = l$.

10. Pour tout partage régulier $(x_i)_{0 \leq i \leq n}$ de l'intervalle $[a, b]$, écrivons $f(b) - f(a) = \sum_{i=0}^{i=n-1} (f(x_{i+1}) - f(x_i))$. Or sur chacun des intervalles de ce partage, le théorème des accroissements finis nous permet d'écrire : $f(x_{i+1}) - f(x_i) = (x_{i+1} - x_i) f'(c_i)$, avec $c_i \in]x_i, x_{i+1}[$. Ainsi apparaît une somme de Riemann relative à f', et au partage considéré. soit $\sum_{i=0}^{i=n-1} (x_{i+1} - x_i) f'(c_i)$. La dérivée de f étant supposé intégrable Riemann sur $[a, b]$, on sait que ces sommes convergent vers $\int_a^b f'(x)dx$ lorsque le pas du partage tend vers 0. On a donc bien à la limite : $\int_a^b f'(x)dx = f(b) - f(a)$.

11. Notons $D = \{ d_n ; n \in \mathbb{N} \}$ l'ensemble des points où f n'est pas dérivable. Raisonnons par l'absurde et supposons f non croissante sur I. Il existe alors deux éléments de I tels que $a < b$ et $f(a) > f(b)$. Etablissons d'abord le lemme suivant : Pour μ donné dans $[a, b]$, il est possible de trouver un sous

intervalle $J=[c,d]$ de $[a,b]$, ne contenant pas μ, tel que $f(c)>f(d)$ et de longueur $d-c<\dfrac{b-a}{2}$. Examinons différentes situations.

_ Si $\mu\neq a$ et s'il existe $x\in]a,\mu[$ tel que $f(a)>f(x)$, l'intervalle $[a,x]$ satisfait les conditions imposées sauf celle de longueur. Une dichotomie simple, en considérant le milieu m de cet intervalle nous donne alors une solution égale si $f(m)<f(a)$ à $[a,m]$ ou sinon à $[m,x]$.

_ Si $\mu\neq a$ et si $\forall x\in]a,\mu[$ $f(a)\leq f(x)$, on en déduit par continuité de *f* : $f(a)\leq f(\mu)$. On a donc $\mu<b$ et $f(\mu)>f(b)$. On reprend donc le schéma précédent avec μ à la place de *a*, qui nous donne un intervalle solution s'il existe un $y\in]\mu,b[$ tel que $f(\mu)>f(y)$. Dans le cas contraire on aurait toujours par continuité de *f* : $f(\mu)\leq f(b)$, et par suite $f(a)\leq f(\mu)\leq f(b)$, contraire à notre hypothèse.

_ Si $\mu=a$ et s'il existe *x* de $]a,b]$ tel que $f(x)>f(b)$, on reprend l'étude précédente avec $[x,b]$ à la place de $[a,b]$, ce qui nous donnera bien un intervalle solution. Dans le cas contraire et en faisant tendre *x* vers *a*, on en déduit encore par continuité de *f*, que $f(a)\leq f(b)$, ce qui infirme encore l'hypothèse.

Ce lemme établi il est alors facile de construire de proche en proche une suite d'intervalles emboîtés $I_n=[a_n,b_n]$ tels que pour tout n : $f(a_n)>f(b_n)$; $d_n\notin[a_n,b_n]$ et $b_n-a_n\leq\dfrac{b-a}{2^n}$.

L'axiome des intervalles emboîtés nous assure l'existence d'un élément *c* commun à tous ces intervalles. Il est clair par construction même, que *c* n'est pas élément de *D*. La fonction *f* est donc par hypothèse dérivable en *c* avec $f'(c)>0$. Il s'ensuit que sur un voisinage *V* de *c* on aura le taux d'accroissement de *f* strictement positif : $\dfrac{f(x)-f(c)}{x-c}>0$. Or tout voisinage de *c* contient les I_n à partir d'un certain rang. On est donc sûr que pour *n* assez grand on aura sur $I_n-\{c\}$, $f(x)-f(c)$ du signe de $x-c$.

Supposons qu'aucune des deux suites $n \mapsto a_n$ et $n \mapsto b_n$ ne soit stationnaire. On aura donc pour n assez grand et puisque $a_n < c < b_n$, l'encadrement : $f(a_n) < f(c) < f(b_n)$. Ceci est contradictoire avec la construction des I_n.
Si maintenant la suite $n \mapsto a_n$ est stationnaire, on aura à partir d'un certain rang $a_n = c$ et $f(c) < f(b_n)$, ceci donne encore $f(a_n) < f(b_n)$, impossible.
On effectue un raisonnement analogue si la suite $n \mapsto b_n$ est stationnaire.
On a donc bien prouvé par l'absurde que pour deux éléments de I tels que $a < b$ on ne peut avoir que $f(a) \le f(b)$. La fonction f est donc croissante sur I. En fait elle sera même strictement croissante car elle ne peut être constante par intervalles vu la condition de stricte positivité de la dérivée.

12. a) Notons $J_{(n,k)}$ l'ensemble des applications φ de $\{1,...,n\}$ vers $\{\delta,\sigma\}$ telles que $\varphi^{-1}(\{\delta\})$ possède exactement k éléments. On vérifie alors facilement par récurrence sur n la relation :

$$\delta^n(x.y) = \sum_{k=0}^{k=n}\left(\sum_{\varphi\in J_{(n,k)}}(\prod_{i=1}^{i=n}\varphi(i))(x)\right)\delta^{n-k}(y)$$

b) Si δ commute avec σ, alors quel que soit φ de $J_{(n,k)}$, on a $\prod_{i=1}^{i=n}\varphi(i) = \sigma^{n-k}\circ\delta^k$, et $J_{(n,k)}$ contient C_n^k éléments de ce type. Il s'ensuit :

$$\delta^n(x.y) = \sum_{k=0}^{k=n} C_n^k \sigma^{n-k}\circ\delta^k(x).\delta^{n-k}(y)$$

c) L'opérateur $f(x) \mapsto \Delta(f)(x) = f(x+1) - f(x)$ est de manière évidente une σ dérivation sur l'Anneau des fonctions de R vers R, pour l'opérateur shift : $f(x) \mapsto \sigma(f)(x) = f(x+1)$. La commutation vient du fait que $\Delta = \sigma - I$ avec I opérateur identique. On peut faire aussi fonctionner Δ sur l'Anneau des suites réelles ou complexes.

INDEX

E D TOUR

Vous pouvez faire par remarques,
critiques, s s
à l'auteur à se :

auteurs@c .com

Imprimé en France par Messages SAS
111, rue Nicolas-Vauquelin – 31100 Toulouse